国家卫生健康委员会"十四五"规划教材

全国中等卫生职业教育教材

供医学检验技术专业用

分析化学基础

第4版

主　编　张韶虹

副主编　李　勤　舒　雷

编　者（以姓氏笔画为序）

王红波（山东医学高等专科学校）

王海燕（山东省莱阳卫生学校）

白　斌（襄阳职业技术学院）

李　勤（重庆市医药卫生学校）

何应金（赣南卫生健康职业学院）

张　舟（湖北职业技术学院）

张韶虹（襄阳职业技术学院）

舒　雷（云南省临沧卫生学校）

人民卫生出版社

·北 京·

图书在版编目（CIP）数据

分析化学基础 / 张韶虹主编 . —4 版 . —北京：
人民卫生出版社，2022.12（2024.11重印）

ISBN 978-7-117-34301-5

Ⅰ. ①分… Ⅱ. ①张… Ⅲ. ①分析化学–医学院校–
教材 Ⅳ. ①O65

中国版本图书馆 CIP 数据核字（2022）第 244042 号

| 人卫智网 | www.ipmph.com | 医学教育、学术、考试、健康，购书智慧智能综合服务平台 |
| 人卫官网 | www.pmph.com | 人卫官方资讯发布平台 |

分析化学基础
Fenxi Huaxue Jichu
第 4 版

主　　编：张韶虹
出版发行：人民卫生出版社（中继线 010-59780011）
地　　址：北京市朝阳区潘家园南里 19 号
邮　　编：100021
E - mail：pmph @ pmph.com
购书热线：010-59787592　010-59787584　010-65264830
印　　刷：北京顶佳世纪印刷有限公司
经　　销：新华书店
开　　本：850×1168　1/16　印张：10
字　　数：213 千字
版　　次：2002 年 7 月第 1 版　　2022 年 12 月第 4 版
印　　次：2024 年 11 月第 3 次印刷
标准书号：ISBN 978-7-117-34301-5
定　　价：42.00 元
打击盗版举报电话：010-59787491　E-mail: WQ @ pmph.com
质量问题联系电话：010-59787234　E-mail: zhiliang @ pmph.com
数字融合服务电话：4001118166　E-mail: zengzhi @ pmph.com

修订说明

为服务卫生健康事业高质量发展,满足高素质技术技能人才的培养需求,人民卫生出版社在教育部、国家卫生健康委员会的领导和支持下,按照新修订的《中华人民共和国职业教育法》实施要求,紧紧围绕落实立德树人根本任务,依据最新版《职业教育专业目录》和《中等职业学校专业教学标准》,由全国卫生健康职业教育教学指导委员会指导,经过广泛的调研论证,启动了全国中等卫生职业教育护理、医学检验技术、医学影像技术、康复技术等专业第四轮规划教材修订工作。

第四轮修订坚持以习近平新时代中国特色社会主义思想为指导,全面落实党的二十大精神进教材和《习近平新时代中国特色社会主义思想进课程教材指南》《"党的领导"相关内容进大中小学课程教材指南》等要求,突出育人宗旨、就业导向,强调德技并修、知行合一,注重中高衔接、立体建设。坚持一体化设计,提升信息化水平,精选教材内容,反映课程思政实践成果,落实岗课赛证融通综合育人,体现新知识、新技术、新工艺和新方法。

第四轮教材按照《儿童青少年学习用品近视防控卫生要求》(GB 40070—2021)进行整体设计,纸张、印刷质量以及正文用字、行空等均达到要求,更有利于学生用眼卫生和健康学习。

前 言

分析化学基础是中等卫生职业教育医学检验技术专业的核心课程,是提高学生实验基本技能的主干课程,也是医学检验技术资格考试的重要内容。通过本课程的学习,使学生掌握分析化学的基本理论、基础知识和基本技能,具有独立思考、正确处理分析数据和解决分析化学问题的基本能力,培养严谨求实的科学态度、精益求精的职业精神,为学习专业课程及从事医学检验技术工作奠定良好的基础。

《分析化学基础》(第4版)落实党的二十大精神进教材的要求,在上一版基础上进行了修订,增加了部分内容,如分析化学的学习方法、滴定分析法应用示例、分析化学实验基本知识等;调整了部分内容,如重点介绍了经典液相色谱法(高效液相色谱法和气相色谱法调整为拓展内容)、用食醋总酸量的测定替换酸碱滴定练习等;删掉了部分内容,如多元酸碱的滴定、原子吸收分光光度法等。更加关注学生特点和实际应用,突出学生主体地位,做到理论学习和技能训练相结合,基本内容和拓展内容相结合,知识应用和专业实际相结合。注重教材的思想性,融入思政元素,培养学生职业素养。教材内容丰富,重点、难点突出,文字简洁,通俗易懂,目标明确。

《分析化学基础》(第4版)共有10章、13个实验项目,建议安排教学54学时,其中理论28学时、实验26学时。本教材的教学内容是分析化学的基本理论、基础知识和基本技能,包括绪论、定量分析概述、滴定分析法概述、酸碱滴定法、沉淀滴定法、配位滴定法、氧化还原滴定法、电位分析法、紫外 - 可见分光光度法和色谱法等,各校可根据实际对内容进行取舍。本教材各章开始以"导入案例"引入正文,正文中间穿插有"课堂互动""知识拓展"等模块,链接有思维导图、教学课件、微课视频、在线测试等数字化资源,旨在激发学生学习兴趣,引导学生自主学习,提高学生综合素质。

本教材在编写过程中凝聚了全体编者的智慧和心血,同时得到了各编者所在院校的大力支持,在此一并表示诚挚的谢意!本教材的编写参考和吸取了有关文献的理论、观点和方法,特将主要参考文献附于书后,在此谨向有关参考文献的作者表示衷心感谢!

本教材编写力求科学、严谨,但由于编者的能力和水平有限,难免有不妥之处,敬请广大师生、同行专家及读者批评指正。

张韶虹

2023 年 9 月

目 录

第一章 | 绪 论

01章 数字资源

 导入案例

正常人血液的酸碱度保持相对恒定,pH 范围 7.35~7.45,若体内酸碱平衡失调,血液的 pH 是诊断疾病的一个重要参数。

血液酸碱度的测定,可用滴定分析法、电位分析法等。

问题与思考:

1. 滴定分析法、电位分析法按分析原理方法的不同,属于哪种分析方法?
2. 分析化学在医学、生活中有哪些应用?

第一节 分析化学的任务与作用

一、分析化学的任务

分析化学是化学学科的重要分支之一,是研究物质的组成、含量、结构和形态等化学信息的分析方法和有关理论及技术的一门科学。

分析化学的任务是鉴定物质的化学组成、测定物质中组分的相对含量和确定物质的化学结构。其内容包括定性分析（有什么）、定量分析（有多少）和结构分析（结构特点）。在一般分析工作中，被测物质的组分和结构都是已知的，可以直接进行定量分析。

二、分析化学的作用

现代化学作为 21 世纪的中心科学，已经渗透到社会生活的各个领域。分析化学不仅对化学各学科的发展起着重要作用，而且在工业、农业、国防、资源开发等许多领域都有广泛的应用。例如，生物、食品、能源、环境等科学领域，都需要分析化学提供大量的信息。分析化学被称为工农业生产的"眼睛"，国民经济和科学技术发展的"参谋"，是科学研究的重要手段。

在医药卫生方面，分析化学向医学渗透的趋势日益明显。如临床医学中用于诊断和治疗的临床检验，预防医学中环境检测、职业中毒检验、营养成分分析等，药学领域药物成分含量的测定、药物浓度的分析等，都需要用到分析化学的理论、知识和技术。

随着医学科学技术的飞速发展，医学检验的方法和技术也在不断更新。在医学检验工作中，常用分析化学的各种方法对人体试样进行分析，为有效地预防、诊断和治疗疾病提供技术支撑，为保障人体健康助力。如果没有分析化学为完成这些工作提供数据，以上目标是难以实现的。由此可见，分析化学在医学检验中有着十分重要的作用。

分析化学基础是中等卫生职业学校医学检验技术专业的一门核心课程。学习分析化学基础，应掌握分析化学的基本理论、基础知识和基本技能，具有独立思考、正确处理数据和分析化学问题的基本能力，培养严谨求实的科学态度、精益求精的职业精神，为学习医学检验技术的专业课程及从事医学检验技术工作奠定良好的基础。

第二节　分析化学方法的分类

分析化学的应用十分广泛，分析化学方法从不同角度进行分类，可分为不同的类型。

一、根据分析任务分类

根据分析任务的不同，可分为定性分析、定量分析和结构分析。

1. 定性分析　定性分析的任务是鉴定物质的化学组成，即确定物质由哪些元素、离子、基团或化合物组成。

2. 定量分析　定量分析的任务是测定物质中有关组分的相对含量或纯度。

3. 结构分析　结构分析的任务是确定有关物质的化学结构和存在形态，物质的结构和性质有密切关系。

二、根据分析对象分类

根据分析对象的不同,可分为无机分析和有机分析。

1. 无机分析　无机分析的对象是无机物,主要鉴定试样由哪些元素、离子、原子团或化合物组成以及各组分的相对含量。

2. 有机分析　有机分析的对象是有机物,不仅要确定试样的元素组成,还需进行基团和结构分析。

三、根据分析方法原理分类

根据分析方法原理的不同,可分为化学分析和仪器分析。

1. 化学分析　化学分析是以物质的化学反应为基础的分析方法,包括化学定性分析与化学定量分析。化学定量分析又分为滴定分析和重量分析。

化学分析是分析化学的基础,又称为经典分析。其使用仪器简单,测定结果准确,应用范围广泛。但分析速度较慢、灵敏度较低,需结合仪器分析加以解决。

2. 仪器分析　仪器分析是以物质的物理性质或物理化学性质为基础的分析方法。在测定中需要用到较精密、特殊的仪器,故称为仪器分析。仪器分析包含的方法很多,主要有光学分析、电化学分析和色谱分析等。

仪器分析具有灵敏、快速、易于自动化等特点,发展很快,应用日趋广泛。但由于仪器设备比较昂贵,在推广使用上受到一定限制。

仪器分析常常是在化学分析的基础上进行的,两者相辅相成,相互配合,才能更好地解决分析中的问题。

四、根据试样用量分类

根据试样用量的多少,可分为常量分析、半微量分析、微量分析和超微量分析。各种分析方法的试样用量见表1-1。

表1-1　各种分析方法的试样用量

分析方法	试样的质量 /mg	试样的体积 /mL
常量分析	>100	>10
半微量分析	10~100	1~10
微量分析	0.1~10	0.01~1
超微量分析	<0.1	<0.01

化学定性分析中,常采用半微量分析法,化学定量分析一般采用常量分析法,而仪器分析多采用微量和超微量分析法。

五、根据待测组分含量分类

根据试样中待测组分的含量多少,可分为常量组分分析、微量组分分析和痕量组分分析。各种分析方法待测组分的含量见表1-2。

表1-2 各种分析方法待测组分的含量

分析方法	待测组分在试样中的含量 /%
常量组分分析	>1
微量组分分析	0.01~1
痕量组分分析	<0.01

这种分类方法和依据试样用量分类法不同,注意两种概念的区别。

 知识拓展

例行分析和仲裁分析

根据具体要求的不同,分析方法可以分为例行分析和仲裁分析。例行分析是指一般实验室在日常工作或生产中的分析,又称为常规分析。仲裁分析是指不同单位对同一样品的分析结果有争议时,要求有关单位按照指定的方法进行裁判的准确分析,以判断原分析结果的准确性。

第三节 分析化学的发展概况

分析化学历史悠久,随着生产、科学技术的进步而不断发展。分析化学的发展经历了三次巨大变革。第一次变革在20世纪初,分析化学基础理论的发展,使分析化学从一门技术变为一门科学。第二次变革是在20世纪中叶,物理学、电子学和原子能科学技术的发展,促进了各种仪器分析方法的发展,改变了经典的以化学分析为主的局面。自20世纪70年代以来,以计算机应用为主要标志的信息时代的到来,促使分析化学进入第三次变革时期,随着生命科学、环境科学、新材料科学等发展的需要,基础理论及测试手段的不断完善,分析化学进入了一个崭新的境界。

分析化学广泛吸取了当代科学技术的最新成就,成为当代最富活力的学科之一。现代分析化学能为各种物质提供组成、含量、结构、分布、形态等全面的信息,使得许多难题迎刃而解。未来分析化学在高灵敏度、高选择性、高自动化及智能化等方面会不断发展,进一步突破纯化学领域,和其他学科融合,成为一门多学科性的综合学科。

第四节　学习分析化学的方法

分析化学内容丰富,学习方法因人而异,在学习过程中应注重结合个人实际,充分利用各种教学资源,采用多种学习方式。

一、学好基础知识,培养自主学习能力

以学习目标、思维导图为指南,做好课前预习、课后复习,上课针对性的认真听讲,多思考、多交流,适时进行归纳总结和自我评价。努力掌握分析化学的基本理论和基础知识,培养自主学习能力。

二、加强实践训练,提升实践操作技能

分析化学是以实验为基础的学科,实验对理论的印证十分重要,应理论联系实际,加强实践训练,认真规范完成实验内容,仔细观察实验现象,准确记录实验数据,正确处理实验结果。提升实践操作技能,为从事医学检验技术工作奠定良好的基础。

三、树立"量"的概念,培养严谨科学态度

在分析化学学习中,要树立准确的"量"的概念,培养严谨求实的科学态度、精益求精的职业精神,提高分析问题和解决问题的能力,培养个人可持续发展能力。

 知识拓展

化学家高鸿

高鸿(1918—2013)是我国近代仪器分析学科奠基人之一、分析化学家。高鸿1945年赴美国伊利诺伊大学专攻分析化学,1947年获化学博士学位并留校工作,1948年回国任教。高鸿严谨治学、精心育才、开拓创新,潜心编写了我国第一部《仪器分析》教材,开创了我国仪器分析教育的先河。

　　本章学习重点是分析化学的概念和任务、分析化学方法的分类。学习难点是根据分析方法原理不同、根据试样用量不同、根据待测组分含量不同对分析化学方法进行正确分类。在学习过程中掌握分析化学的定义,明确分析化学的任务,注意比较各种不同类型分析化学方法的特点,注重分析化学基础知识在专业、生活中的应用,采用多种学习方式巩固知识、提高能力。

（张韶虹）

 思考与练习

一、名词解释

1. 分析化学

2. 定量分析

二、填空题

1. 根据分析对象不同,分析化学方法可以分为_____分析与_____分析。

2. 化学定量分析分为_____分析与_____分析。

3. 分析化学是研究物质的_____、_____、_____等化学信息的分析方法和有关理论及技术的一门科学。

三、简答题

1. 分析化学的任务是什么? 在医学检验中有哪些作用?

2. 根据分析任务、对象、方法原理的不同,分析化学方法有哪些分类?

第二章 | 定量分析概述

02章 数字资源

 导入案例

在某同学做分析化学实验时,老师观察到实验中出现了以下现象:①称量所用的天平未校正;②减重称量时,不小心把少许药品抖在锥形瓶外;③用胶头滴管滴加溶液时,仰视容量瓶的刻度线;④滴定前忘了排出滴定管管尖的气泡;⑤判断滴定终点颜色时,总是偏深;⑥读数时最后一位估计不准。

问题与思考:

1. 这些现象导致的误差属于哪类误差?
2. 系统误差和偶然误差各有什么特点?

第一节 定量分析的一般过程

定量分析的任务是测定试样中有关组分的相对含量。分析过程一般包括五个步骤:分析任务的确立、试样的采集、试样的处理、试样的含量测定和分析结果的表示。

一、分析任务的确立

确立分析任务,首先要明确所需解决的问题,再根据试样的来源、测定的对象、测定的样品数、可能存在的影响因素等,制订一个初步的分析计划,包括选用的方法,对准确度和精密度的要求,以及所需的实验条件如仪器设备、试剂和温度等。例如,吸附指示剂法测定生理盐水中氯化钠的含量,是以硝酸银溶液为标准溶液,以荧光黄为指示剂,测定注射液中氯化钠的含量。反应在中性或弱碱性(pH 为 7~10)条件下进行,一方面使荧光黄指示剂主要以阴离子(FIn^-)形式存在,另一方面避免生成氧化银沉淀。为防止氯化银胶粒聚沉,应先加入糊精溶液,再用硝酸银标准溶液滴定。为防止氯化银见光分解析出金属银,影响终点的观察,滴定操作应避免在强光下进行。

二、试样的采集

试样的采集简称采样,又称取样、检样、抽样,即从大批物料中采集一部分物质作为原始试样。采样原则是试样应具有高度的代表性,即试样必须代表全部物料,确保分析结果的科学性和真实性。如临床的血液或尿液检验,为防止某些生理因素如吸烟、进食、运动和情绪激动等影响其中的成分,常常在早餐前抽取患者的血液或留取患者的尿液进行化验。

三、试样的处理

(一)试样预处理

固体原始试样往往含有湿存水,应在测定之前置于烘箱内于 100~105℃烘干至恒重。受热易分解的物质则采用减压风干的办法去除水分。干燥后的试样需置于干燥器内保存待用。

(二)试样的分解

在分析工作中,除干法分析外,通常须先将试样分解,制成溶液后再进行测定,常用的分解方法有溶解法和熔融法。

1. 溶解法　采用适当溶剂将试样溶解制成溶液。由于试样的组成不同,溶解试样所用的溶剂也不同,常用的溶剂有水、酸、碱和有机溶剂四类。

(1)水溶法:溶剂为水,直接溶解水溶性试样。

(2)酸溶法:溶剂为盐酸、硝酸、硫酸、磷酸、氢氟酸及其混合酸等,利用酸性、氧化还原性和形成配合物的作用使试样溶解。

(3)碱溶法:溶剂为氢氧化钠溶液、氢氧化钾溶液、氨水等,利用碱性使试样溶解。

（4）有机溶剂法：溶剂为乙醇、丙酮、三氯甲烷、苯等，适用于有机物的溶解。

2. 熔融法　对难溶于溶剂的试样，常采用熔融法进行预处理。将试样与固体熔剂在高温下熔融而发生复分解反应，使试样中的待测成分转化为易溶于水或酸的化合物。

（三）干扰物质的分离

对于组成比较复杂的试样，在进行分析时，为消除样品中其他组分对被测组分测定的影响，需在分析前对干扰物质进行分离或掩蔽。常用的方法有沉淀法、萃取法、挥发法和色谱法等。

四、试样的含量测定

根据实际情况如试样的组成、被测组分的性质及含量、测定目的要求和干扰物质等，选用恰当的分析方法进行含量测定。如测定常量组分常选用滴定分析法和重量分析法，测定微量组分常选用灵敏度较高的各种仪器分析法。测定前必须对仪器进行校正。测定时应养成如实记录原始数据的习惯，原始数据必须真实、完整、清晰，不得涂改。

五、分析结果的表示

根据分析数据得到的定量分析结果，其待测组分含量的表示方法一般有：①固体试样常用质量分数表示；②液体试样常用物质的量浓度、质量浓度、体积分数表示；③气体试样常用体积分数表示。

表示一个完整的定量分析结果，需要同时报告测量次数 n、测定结果的平均值 $\bar{x}$、标准偏差 S。根据计算数据，对分析结果作出科学合理的判断，形成书面报告。

第二节　定量分析的误差与分析数据的处理

定量分析的任务是准确测定试样组分的含量，必须使分析结果具有一定的准确度。但是分析测试总是不可避免地带有误差，误差有时会掩盖甚至歪曲客观事物的本来面貌，如果清楚地了解误差的属性及其产生的原因，通过对大量的实验数据进行科学的处理，就能去伪存真，得出符合客观实际的正确结论。

一、定量分析的误差

（一）误差的分类

根据误差产生的原因和性质，可将误差分为系统误差和偶然误差。

1. 系统误差　系统误差又称为可定误差，是指由于某些确定的、经常性的原因所造成的误差。系统误差具有单向性、重现性,使测定结果都偏高或都偏低。理论上,系统误差的大小、正负是可以测定的,并且可以设法减少或校正。

按照产生的具体原因,系统误差可分为以下几类:

(1)方法误差:由于分析方法本身不完善所造成的误差。例如,在滴定分析法中,由于化学反应进行不完全,导致滴定终点与化学计量点不一致。

(2)仪器误差:由于实验仪器不精确所造成的误差。例如,用未经校准的天平称量,容量瓶和移液管不配套等。

(3)试剂误差:由于实验所用试剂不纯等原因所造成的误差。例如,试剂中含有微量待测组分或干扰物质,蒸馏水中存在微量杂质等。

(4)操作误差:由于操作者主观原因所造成的误差。例如,滴定分析时,操作者判断滴定终点颜色偏深或偏浅,读数时偏高或偏低等。

2. 偶然误差　偶然误差又称为随机误差,是指由于某些难以控制的偶然因素所造成的误差。如实验室中温度、湿度、气压、电压等偶然变化,仪器的微小震动均可引起偶然误差。偶然误差具有大小、正负不固定的特点,是难以测量和不可校正的。但是经过多次平行测定,可发现偶然误差的出现服从统计规律,即小误差出现的概率大,大误差出现的概率小,很大误差出现的概率极小,正误差和负误差出现的概率基本相等,如图 2-1 所示。

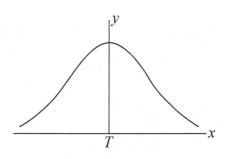

图 2-1　偶然误差的
正态分布曲线

因此,在消除系统误差后,随着测定次数的增加,测量值的算术平均值将接近于真实值。所以在分析工作中可采用增加平行测定次数求平均值的方法来减少偶然误差。

系统误差和偶然误差的划分不是绝对的。如判断滴定终点颜色时,有人总是偏深,造成系统误差;但多次判断终点颜色,深浅程度又不完全一致,造成偶然误差。

在测定过程中,读错刻度、看错砝码、加错试剂、溶液溅出、计算错误等明显过失属于操作错误,不属于误差。一旦确定存在过失,就应将该测定值舍弃。为避免出现过失,分析人员要加强工作责任心,严格遵守操作规程。

(二)误差的表示方法

1. 准确度与误差　准确度是指测量值与真实值接近的程度,反映了测量结果的准确性。误差是衡量准确度高低的尺度,误差越小,表示测量值与真实值越接近,测量越准确。误差有绝对误差(E)和相对误差(RE)两种表示方法,见表 2-1。

用精确度为万分之一的电子天平直接称取两份试样,分别为 1.000 0 g 和 0.100 0 g,绝对误差都是 ±0.000 1g,但相对误差分别是 ±0.01% 和 ±0.1%,显然,后者的相对误差较前者大 10 倍,说明测定的试样量越大,相对误差越小。在分析工作中常用相对误差来表示测量结果的准确度。

表 2-1　误差的表示方法

表示方法	绝对误差（E）	相对误差（RE）
计算公式	$E=x-T$	$RE=\dfrac{E}{T}\times100\%$
意义	绝对误差是测量值 x 与真实值 T 之差，正误差表示测量值偏大，负误差表示测量值偏小	相对误差是绝对误差与真实值的比值，反映了误差在测量结果中所占比例

 知识拓展

真　实　值

样品中某一组分的含量必然有一个客观存在的真实值，但人们不可能精确获知，只能随着测量技术的不断进步而逐渐接近它。下列数值在定量分析中可作为真实值使用：①各元素的相对原子质量、物理化学常数；②纯物质、基准物质或标准样品的含量；③采用多种可靠的分析方法、由具有丰富经验的分析人员经过反复测定得出的平均值；④若消除系统误差，且测定次数无限多（$n>30$ 次）时的平均值。

2. 精密度与偏差　精密度是指在相同的条件下，多次测量结果之间相互接近的程度，反映了测量结果的重现性。偏差是衡量精密度高低的尺度，偏差越小，说明分析结果的精密度越高。偏差的表示方法见表 2-2。

表 2-2　偏差的表示方法

表示方法	绝对偏差（d）	平均偏差（$\bar{d}$）	相对平均偏差（$R\bar{d}$）	标准偏差（S）	相对标准偏差（RSD）
计算公式	$d_i=x_i-\bar{x}$	$\bar{d}=\dfrac{\sum\limits_{i=1}^{n}\lvert d_i\rvert}{n}$	$R\bar{d}=\dfrac{\bar{d}}{\bar{x}}\times100\%$	$S=\sqrt{\dfrac{\sum\limits_{i=1}^{n}d_i^2}{n-1}}$	$RSD=\dfrac{S}{\bar{x}}\times100\%$
意义	单次测量值 x_i 与平均值 $\bar{x}$ 之差	各测量值绝对偏差的算术平均值	平均偏差占平均值的百分比	比平均偏差更灵敏，能反映出较大偏差的存在	标准偏差占平均值的百分比

3. 准确度与精密度的关系　准确度与精密度是两个不同的概念，相互之间有一定的关系，测定结果的好坏应从精密度和准确度两个方面衡量。

精密度低,测定结果不可靠;但精密度高并不等于准确度高,因为可能存在系统误差。因此,精密度高是保证准确度高的前提,在评价分析结果时,只有精密度和准确度都高的测量值才是可靠的。

(三)提高分析结果准确度的方法

1. 选择适当的分析方法　不同分析方法的灵敏度和准确度不同。化学分析法的灵敏度虽然不高,但相对误差较小,准确度较高,常用于常量组分的测定。仪器分析法的相对误差较大,但具有较高的灵敏度,常用于微量或痕量组分含量的测定。人体体液的组成复杂且有关物质的含量不高,所以医学检验中常选用仪器分析法。

2. 减少测量的相对误差　为了保证分析结果的准确度,必须尽量减少测量误差。测量时取样量越大,相对误差越小。如电子天平绝对误差在 ±0.000 1g 以内,用减重称量法称量一份试样需操作两次,可能引起的最大误差为 ±0.000 2g,为使称量的相对误差在 ±0.1% 以内,最小称量质量应为 0.2g。

3. 减少测量的系统误差　根据产生系统误差的原因,可采用对照试验、空白试验、校准仪器、回收试验等方法减少系统误差。

(1)对照试验:指采用与试样完全相同的测量方法、条件和步骤,用已知含量的标准品替代试样进行分析测定后,再对试样与标准品的测定结果进行分析和比较,对试样测定结果进行校正。

(2)空白试验:指采用与试样完全相同的测量方法、条件和步骤,在不加试样的情况下进行分析测定,所得的结果称为空白值。处理实验数据时,将空白值从试样的实验数据中减去,以消除由试剂、蒸馏水及实验器皿等引起的误差。

(3)校准仪器:指在使用前对天平、移液管、滴定管等仪器进行校准,并在计算结果时采用其校正值,可减少仪器不准确所引起的误差。

4. 减少测量的偶然误差　根据偶然误差产生的原因和特点,可通过选用稳定性更好的仪器,保持实验环境稳定,提高实验人员操作熟练程度,增加平行测定次数等方法来减少偶然误差。

二、有效数字及其应用

在分析测定中,不仅要准确测定各种数据,还要正确记录、处理和计算这些数据,才有可能获得准确的测量结果。因此,必须学习掌握有效数字的相关知识并在定量分析中正确应用。

(一)有效数字的概念

有效数字是指实际能测量到的有实际意义的数字,包括所有准确数字和最后一位可疑数字。如分析天平称得坩埚重为 12.057 1g,有六位有效数字。确定有效数字时,必须遵从以下规定:

1. 数字中的 1~9 均为有效数字,"0" 则根据具体情况而定。"0" 位于其他数字之前,表示数量级,用于定位。"0" 位于其他数字之间或之后是有效数字。如 0.060 10 为四位有效数字,前两个 "0" 定位,后两个 "0" 是有效数字。

2. 有效数字的位数反映了测量结果的准确度,不能随意增减。如称得某物重为 0.518 0g,相对误差为:$\left(\pm\dfrac{1}{5\,180}\right)\times100\%=\pm0.02\%$;假如记录为 0.518g,其相对误差为:$\left(\pm\dfrac{1}{518}\right)\times100\%=\pm0.2\%$,测量的相对误差后者比前者大 10 倍。所以在测量准确度的范围内,有效数字位数越多,测量也越准确。但必须按仪器精度记录有效数字,超过测量准确度的范围,过多的位数是毫无意义的。

3. 对于很小或很大的数字可用指数形式表示,有效数字的位数在指数形式中并未改变,单位变换时不影响有效数字位数。

$$0.003\ 8g \rightarrow 3.8\times10^{-3}g \rightarrow 3.8mg \qquad 两位有效数字$$
$$10.00mL \rightarrow 10.00\times10^{-3}L \rightarrow 0.010\ 00L \qquad 四位有效数字$$

4. 对于 pH、pM、pK、lg$K$ 等对数,有效数字的位数取决于小数部分的位数,整数部分只代表该数的方次。如 pH=11.20 为两位有效数字,即 $[H^+]=6.3\times10^{-12}$mol/L。

5. 对于非测量值的自然数(如测量次数 n)、倍数、分数、常数(如 π、e)等,可视为准确数字,有效数字位数根据需要取用。例如:

$$3\ 600 \rightarrow 3.6\times10^3 \qquad 两位有效数字$$
$$\rightarrow 3.60\times10^3 \qquad 三位有效数字$$
$$\rightarrow 3.600\times10^3 \qquad 四位有效数字$$

6. 在乘除法运算中,对于首位为 8 或 9 的数字,因其相对误差和 10 接近,有效数字可以多计一位。如 8.314 可计为五位有效数字。

 课堂互动

某同学用台秤称量三份样品的质量,分别记为 4.1g、4g、3.9g。结果是否正确?为什么?

(二)有效数字的修约规则

有效数字的修约即舍弃多余的尾数,合理保留有效数字位数。修约的基本原则如下:

1. 四舍六入五留双　多余尾数的首位小于或等于 4 时,舍去。多余尾数的首位大于或等于 6 时,进位。等于 5 时,若 5 后数字不为 "0" 则进位;若 5 后无数字或为 0 时,则视 5 前数字是奇数还是偶数,采用 "奇进偶舍" 方式修约。

如将下列数字修约成四位有效数字：

0.536 64→0.536 6；0.583 46→0.583 5；10.275 0→10.28；16.405 0→16.40；27.185 0→27.18；18.065 01→18.07

2. 一次修约　必须一次修约到位，不能分次修约。如 12.345 67→12.3，只能一次修约到三位有效数字；若分四次修约到三位有效数字，12.345 67→12.345 7→12.346→12.35→12.4，则会导致数据偏大。

（三）有效数字的运算规则

有效数字运算时，应先修约后计算，遵循一定的规则。

1. 加减法　以小数点后位数最少，即绝对误差最大的数为依据进行修约后再计算。例如，计算 0.012 1+25.64+1.057 82 的值，以小数点后位数最少的 25.64 为依据修约后再计算，结果保留两位小数：

$$0.01+25.64+1.06=26.71$$

2. 乘除法　以有效数字位数最少，即相对误差最大的数为依据进行修约后再计算。例如，计算 0.012 1×25.64×1.057 82 的值，以有效数字位数最少的 0.012 1 为依据修约后再计算，结果保留三位有效数字：

$$0.012 1×25.6×1.06=0.328$$

（四）有效数字在定量分析中的应用

1. 正确选择测量仪器　不同分析任务对测量仪器的精度有不同要求，因此，必须选择适当的测量仪器。在常量分析中，用减重法称取 0.2g 试样，一般要求称量的相对误差在 ±0.1% 以内，其绝对误差在 ±0.000 2g 以内，选用万分之一分析天平即可达到要求。仪器分析法测定微量组分的含量时要求相对误差在 ±2% 以内，若需要称量试样 0.5g，其绝对误差在 ±0.01g 以内，选用百分之一的台秤称量也可达到要求。由此可见，定量分析工作中选择测量仪器并不是精度越高越好，而是以能够满足分析工作对误差的要求为宜。

2. 正确记录测量数据　正确记录测量数据是分析结果准确可靠的保证，因此应根据测量方法和所用仪器的精度，正确记录所有准确数字，保留一位可疑数字。如用万分之一天平称量，记录到小数点后四位；用滴定管、移液管、容量瓶等仪器定容，记录到小数点后两位；精密测定 pH，记录到小数点后两位。

3. 正确表示分析结果　在分析结果的报告中，最后结果中有效数字保留的位数必须与分析测量过程中获取的数据相一致，过多或过少保留有效数字都是不可取的。一般而言，常量分析结果、标准溶液的浓度用四位有效数字表示，$R\bar{d}$、S 和 RSD 取一到两位有效数字，被测组分含量 >10% 的测定结果取四位有效数字，被测组分含量为 1%~10% 的取三位有效数字，被测组分含量 <1% 的取两位有效数字。

两同学同时测定某一生理盐水中氯化钠的质量浓度,甲的报告结果是 9.2g/L 和 9.1g/L,乙的报告结果是 9.109g/L 和 9.101g/L。谁的报告是合理的？为什么？

三、定量分析结果的处理

1. 一般分析结果的处理　在试样的定量分析实验中,一般每个试样平行测定 3 次,先计算测定结果的平均值,再计算出相对平均偏差,若 $\overline{Rd} \leq 0.2\%$,可认为符合要求,取其平均值作为最后的测定结果。否则认为不符合要求,必须重新做实验。

2. 可疑值的取舍　对试样进行平行测定时,一组数据中会出现个别与其他数据相差较大的数据,称为可疑值或逸出值。可疑值可能是偶然误差波动性的极端表现,也可能由过失引起。如果可疑值确定是由过失引起,则应舍去;否则,应用统计学方法进行检验,决定其取舍。目前常用的统计方法是四倍法和 Q 检验法。

第三节　定量化学分析中的常用仪器

一、电子天平

（一）电子天平简介

电子天平是根据电磁力平衡原理设计制造的分析天平,是精准测量物质质量的仪器,具有性能稳定、操作简便、称量快速和灵敏度高等特点,有自动校正、自动去皮、超载显示、故障报警等功能(图 2-2)。定量分析中所用的电子天平,可精确称量至 ±0.000 1g。

定量分析中,称量的准确度对分析结果的准确度有直接影响,因此,掌握电子天平的使用方法十分重要。

（二）电子天平使用

1. 检查天平　保持天平盘清洁干燥,检查硅胶干燥剂是否有效,如变色失效则需更换。

2. 调节水平　调节天平水平调节螺丝,使气泡位于水平仪圆环中央。

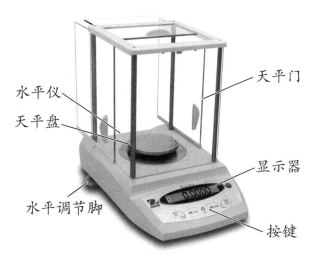

图 2-2　电子天平

3. 预热　接通电源,天平初次接通电源或长时间断电后,需预热至少 30min 后才能使用。

4. 开启显示器　按"开机"键,当显示器显示为"0.000 0g"时,电子称量系统自检结束。若显示屏上显示的不是"0.000 0g"时,则按"置零／去皮"键。

5. 校准　天平经过校准后才能使用,若天平使用时间过长、环境发生改变、放置位置移动时,也应进行校准。电子天平的校准分为内校准与外校准。外校准方法为,按"校准"键,显示器显示"CAL-200",把 200g 标准校正砝码放在天平盘上,数秒后显示器显示"200.000 0g";若在校准过程中出现错误,则天平会显示"Err",此时应重新清零,再次进行校准。移去校准砝码后,显示器应显示"0.000 0g";若未显示"0.000 0g",则再按"置零／去皮"键清零,重复以上校准操作。有的仪器的校准砝码为100g,校准时,显示器显示"CAL-100",其他操作与上述方法相同。自动内校准的电子天平可直接自动校准,不用砝码,当电子天平显示器显示"0.000 0g"时,说明天平已经内校准完毕。

6. 称量　按"置零／去皮"键,显示器显示"0.000 0g"后,将称量物置于天平盘中央,关闭天平门,待显示稳定的数值后记录数据,打开天平门,取出称量物,关好天平门。

7. 关机　一次实验多次称量的间隙,不需按"关机"键关闭显示器,待实验结束后,关闭显示器,使天平处于待机状态。若当天不再使用,需切断电源。

二、常用容量仪器

（一）移液管

移液管又称吸量管,是用于准确移取一定体积溶液的量器,分为腹式吸管和刻度吸管。

1. 腹式吸管　是一根细长而中间膨大的玻璃管,在管的上端有一环状刻度线。常用规格有 10mL、25mL 和 50mL 等,只能量取规定体积的溶液。

2. 刻度吸管　是带有分刻度的直型玻璃管。常用规格有 1mL、2mL、5mL、10mL、25mL 和 50mL 等,可以量取刻度范围内不同体积的溶液。

移液管作为传统的移液工具,由于其操作步骤多、用时长等缺陷,已不被临床实验室广泛使用。在临床实验工作中,通常使用更为高效的液体转移工具——微量移液器。

（二）微量移液器

微量移液器又称加样枪、微量加样器,是用来量取 0.1μL~10mL 液体体积的精密仪器。与移液管相比,微量移液器具有精准度高、适用液体种类广、操作过程简单等优势。常用规格有 0.1~2.5μL、0.5~10μL、2~20μL、10~100μL、20~200μL、100~1 000μL、500~

5 000μL、1~10mL 等。

微量移液器按照通道数可分为单通道和多通道两种。单通道微量移液器是生物、化学和临床实验室中最常用的液体转移工具,广泛用于各种样本和试剂的转移。多通道微量移液器因试剂的阵列式转移需求应运而生,包括 8 通道和 12 通道,用于酶标板等场景批量试剂的添加,大大提高了临床实验室的工作效率。

(三)容量瓶

容量瓶是用于准确配制一定体积溶液的量器,是一种带有磨口塞的细颈、梨形的平底玻璃瓶。瓶身标有温度、容量,颈上有一条环状刻度线,表示在所指温度下液体凹月面与容量瓶的刻度线相切时,溶液体积等于瓶上标注的体积。常用规格有 5mL、10mL、25mL、50mL、100mL、250mL、500mL、1 000mL 等。

(四)滴定管

滴定管是滴定时用的量器,用来准确测定自管内流出的溶液的体积。滴定管是有准确刻度的细长玻璃管,管下端有尖嘴。常用的滴定管规格为 25mL 或 50mL,最小刻度 0.1mL,读数可估计到 0.01mL。

滴定管分为酸式滴定管和碱式滴定管。

1. 酸式滴定管 酸式滴定管下端带有玻璃活塞,用来盛放酸性溶液或氧化性溶液。酸式滴定管不能盛放碱性溶液,以免活塞与玻璃套管粘连。

2. 碱式滴定管 碱式滴定管下端连有橡皮管,管内装一玻璃珠控制溶液流速,橡皮管下端再连接一个尖嘴玻璃管,用来盛放碱性溶液。碱式滴定管不能盛放酸性溶液或氧化性溶液,以免腐蚀橡皮管。

酸式滴定管和碱式滴定管各自有其使用范围,且酸式滴定管活塞容易卡死或渗漏,尖嘴处气泡难排出;碱式滴定管的玻璃珠被挤压松开后,下端尖嘴处容易留下气柱。通用滴定管克服了以上缺陷,该滴定管采用酸式滴定管外形,活塞材料为聚四氟乙烯,耐酸碱,耐有机试剂,耐氧化,且密封性好、无需润滑剂,给滴定分析工作带来极大的方便。

| 本章小结 | 本章学习重点是定量分析的误差与分析数据的处理。学习难点是误差和偏差的计算方法、提高分析结果准确度的方法、有效数字的修约和运算规则。在学习过程中掌握定量分析的一般过程、误差产生的原因及表示方法、减少误差的方法、实验数据的统计处理方法,学会使用定量分析中的常用仪器。 |

（张　舟）

思考与练习

一、名词解释

1. 准确度

2. 精密度

3. 有效数字

二、填空题

1. 当测定值大于真实值时,误差为_____,表示分析结果_____;测定值小于真实值时,误差为_____,表示分析结果_____。

2. 根据误差的性质和产生的原因可将误差分为_____和_____。

3. 误差常用_____、_____表示。误差越小,表示分析结果的准确度越_____,相反,误差越大,表示分析结果的准确度越_____。

4. 精密度用_____表示,表示了测定结果的_____。_____越小,说明分析结果的精密度越高,所以_____的大小是衡量精密度高低的尺度。

5. 有效数字的修约,采取_____的原则。

三、简答题

1. 下列数据各为几位有效数字?

（1）1.052 （2）0.023 4 （3）0.003 30 （4）10.030 （5）1.02×10^{-3} （6）40.02%
（7）0.000 3%

2. 将下列数据修约成四位有效数字。

（1）28.745 （2）26.635 （3）10.065 4 （4）0.386 550 （5）$2.345\ 1 \times 10^{-3}$
（6）108.445 （7）328.45 （8）9.986 4

四、计算题

1. 已知滴定管的读数误差为 0.02mL,滴定体积为（1）2.00mL;（2）20.00mL;（3）40.00mL,则上述滴定体积的相对误差各为多少?

2. 测定试样中蛋白质的质量分数,5 次测定结果为:34.92%、35.11%、35.01%、35.19% 和 34.98%。如何正确表示测定结果报告（要求写出:n、$\bar{x}$ 和 RSD）?

第三章 | 滴定分析法概述

03章 数字资源

学习目标

1. 掌握滴定分析法的基本原理和方法,标准溶液的配制与表示。
2. 熟悉滴定分析法的基本术语,滴定反应的条件。
3. 了解滴定分析法的类型,常用滴定方式。
4. 学会滴定分析法的有关计算和基本操作。
5. 具有严谨的科学态度和较强的实验操作能力。

导入案例

　　维生素 C 具有防治坏血病的功效,故又称为抗坏血酸。水果、蔬菜里含有丰富的维生素 C,如猕猴桃、柑橘、辣椒、西红柿等。准确测定维生素 C 的含量对饮食健康、医疗保健具有十分重要的意义。

　　测定维生素 C 的含量主要有滴定分析法、分光光度法和高效液相色谱法等。

问题与思考:

1. 什么是滴定分析法?
2. 滴定分析法根据反应类型不同分为哪几种?

第一节　滴定分析法的基本概念

一、基本术语和特点

（一）基本术语

1. 滴定分析法　滴定分析法又称容量分析法,是将已知准确浓度的试剂溶液,滴加到待测物质的溶液中,直到所加试剂溶液与待测物质按化学计量关系定量反应完全为止,根据试剂溶液的浓度和体积,计算出待测物质含量的分析方法。滴定分析法是一种重要的化学定量分析方法。

2. 标准溶液和滴定　在滴定分析中,已知准确浓度的试剂溶液称为标准溶液,也称为滴定液。将标准溶液通过滴定管滴加到待测物质溶液中的操作过程称为滴定。

3. 化学计量点　加入的标准溶液与待测组分按化学计量关系定量反应完全的点,称为化学计量点。

4. 指示剂　大多数滴定反应到达化学计量点时,外观上没有明显的变化,为了能够准确确定化学计量点,在实际滴定时,常在待测物质的溶液中加入一种辅助试剂,借助其颜色变化来指示化学计量点的到达,这种辅助试剂称为指示剂。

5. 滴定终点　在滴定过程中,指示剂恰好发生颜色变化的转变点称为滴定终点。

6. 终点误差　化学计量点是根据化学反应计量关系求得的理论值,而滴定终点是实际滴定时的测得值,两者往往不能完全一致,它们之间存在一定的差别,称为终点误差,也叫滴定误差。为减少终点误差,应选择合适的指示剂,使滴定终点尽可能接近化学计量点。

（二）特点

滴定分析法多用于常量分析。一是准确度较高,一般情况下,测定的相对误差在 ±0.1% 以内;二是分析成本低廉,所用仪器简单,操作方便、测定快速,有利于进行多次平行测定,精密度好。因而滴定分析在科学研究、生产实践和医学检验中得到广泛的应用。

二、主要测定方法

根据滴定反应类型的不同,滴定分析法分为以下四种类型:

1. 酸碱滴定法　以酸碱中和反应为基础的滴定分析方法称为酸碱滴定法。酸碱中和反应特点是无外观变化,其反应实质可用下式表示:

$$H^+ + OH^- \rightleftharpoons H_2O$$

常用酸（如 HCl）为标准溶液测定碱或者碱性物质,也可用碱（如 NaOH）为标准溶液测定酸或者酸性物质。

2. 沉淀滴定法　以沉淀反应为基础的滴定分析方法称为沉淀滴定法。其滴定反应特点是生成难溶性沉淀。常用的沉淀滴定法为银量法,可用于测定 Ag^+、SCN^- 及卤素离子含量。

$$Ag^+ + X^- \rightleftharpoons AgX \downarrow$$

式中 X^- 代表 Cl^-、Br^-、I^- 及 SCN^- 等离子。

3. 配位滴定法　以配位反应为基础的滴定分析方法称为配位滴定法。配位滴定法主要用来测定多种金属离子,其基本反应为:

$$M + Y \rightleftharpoons MY$$

式中 M 代表金属离子,Y 代表配位剂,如 EDTA 等。

4. 氧化还原滴定法　以氧化还原反应为基础的滴定分析方法称为氧化还原滴定法。利用氧化剂或还原剂作为标准溶液,直接测定具有氧化性、还原性物质或间接测定不具有氧化性、还原性物质的含量。常用的方法有高锰酸钾法、碘量法、亚硝酸钠法等。

 知识拓展

非水滴定分析法

在非水溶剂中进行的滴定分析方法称为非水滴定分析法。非水溶剂指的是有机溶剂与不含水的无机溶剂,以非水溶剂作为滴定介质,不仅能增大有机化合物的溶解度,而且能改变物质的酸碱性及其强度,使在水中不能进行完全的滴定反应能够顺利进行。

非水滴定分析法扩大了滴定分析的应用范围,具有简便快速、灵敏准确等优点,可用于酸碱滴定、沉淀滴定、配位滴定和氧化还原滴定。在药物分析中,非水酸碱滴定法应用较为广泛,如用于测定有机碱及其氢卤酸盐、硫酸盐、有机酸盐和有机酸碱金属盐类药物的含量,并用于测定某些有机弱酸的含量。

第二节　滴定反应的条件与滴定方式

一、滴定反应的条件

滴定反应是滴定分析法进行定量计算的基础,但不是所有的化学反应都适用于滴定分析,能用于滴定分析的化学反应必须满足以下条件:

1. 反应必须定量进行　滴定反应要严格按照一定的化学反应方程式定量进行,反应完全程度达到99.9%以上。

2. 反应速率要快　滴定反应要求在瞬间完成,如果反应速率较慢,要有适当的方法加快反应速率,如加热或加催化剂。

3. 无副反应发生　待测物质中的杂质不得干扰主反应,否则应预先将杂质除去。

4. 有适当的终点指示方法　有合适的指示剂或简便可靠的方法确定滴定终点。

二、滴 定 方 式

滴定分析法的滴定方式,常见的有以下几种:

1. 直接滴定法　将标准溶液直接加到待测物质溶液中进行测定的滴定方式。直接滴定法是滴定分析中最常用和最基本的滴定方式,只要化学反应符合滴定反应的四个条件,都可以用直接滴定法进行滴定。例如,用 $NaOH$ 标准溶液滴定 HCl、用 $KMnO_4$ 标准溶液滴定 Fe^{2+} 等都是直接滴定法。

2. 剩余滴定法　对于待测物质是不易溶解的固体或滴定反应速率较慢,则可以先加入准确过量的标准溶液,待反应完全后,再用另一种标准溶液滴定剩余的标准溶液,这种滴定方式称为剩余滴定法,也称返滴定法。例如,固体碳酸钙含量的测定,可先加入准确过量的盐酸标准溶液,待反应完全后,再用氢氧化钠标准溶液滴定剩余的盐酸。反应如下:

$$CaCO_3 + 2HCl(过量) \rightleftharpoons CaCl_2 + CO_2\uparrow + H_2O$$
$$HCl(剩余) + NaOH \rightleftharpoons NaCl + H_2O$$

3. 置换滴定法　当待测物质与标准溶液的化学反应没有确定的计量关系或伴有副反应时,可在被测物质溶液中加入适当的试剂,使其定量地置换出另一种物质,再用适当的标准溶液滴定该新物质,这种滴定方式称为置换滴定法。例如,$Na_2S_2O_3$ 不能直接滴定 $K_2Cr_2O_7$ 等强氧化剂,因为在酸性溶液中强氧化剂会将 $S_2O_3^{2-}$ 氧化,反应无确定的计量关系,故改为利用 $K_2Cr_2O_7$ 在酸性溶液中氧化 KI,置换出定量的 I_2,再用 $Na_2S_2O_3$ 标准溶液滴定 I_2。常用这种滴定方法以 $K_2Cr_2O_7$ 标定 $Na_2S_2O_3$ 的浓度。

4. 间接滴定法　当待测物质与标准溶液不能直接发生反应,则可以先加入某种试剂与被测物质发生反应,再用适当标准溶液滴定其中一种生成物,间接测定出待测物质的含量,这种滴定方式称为间接滴定法。例如,测定试样中 $CaCl_2$ 的含量时,钙盐不能直接与 $KMnO_4$ 标准溶液反应,可先加入过量的 $(NH_4)_2C_2O_4$,使 Ca^{2+} 定量沉淀为 CaC_2O_4,用硫酸溶解后,再用 $KMnO_4$ 标准溶液滴定生成的 $H_2C_2O_4$,可以间接计算出 $CaCl_2$ 含量。

第三节　标准溶液与基准物质

一、标准溶液浓度的表示方法

标准溶液的浓度有多种表示方法,下面仅介绍两种分析化学中常用的表示方法。

(一)物质的量浓度

物质的量浓度是指单位体积溶液中所含溶质 B 的物质的量,用符号 c_B 或 $c(B)$ 表示。

其定义公式为:

$$c_B = \frac{n_B}{V} \tag{3-1}$$

如果已知溶质 B 的质量,则计算公式为:

$$c_B = \frac{m_B}{M_B V} \tag{3-2}$$

式中 n_B 为溶质 B 的物质的量,单位为 mol;V 为溶液的体积,单位为 L;m_B 为溶质 B 的质量,单位为 g;M_B 为溶质 B 的摩尔质量,单位为 g/mol;c_B 为物质的量浓度,其单位在分析化学上常用 mol/L 或 mmol/L 表示。

例 3-1　100.00mL NaOH 溶液中含 NaOH 2.000 0g,计算 NaOH 溶液的物质的量浓度。

解: $c_{NaOH} = \dfrac{n_{NaOH}}{V_{NaOH}} = \dfrac{m_{NaOH}}{M_{NaOH} V_{NaOH}} = \dfrac{2.000\ 0}{40.00 \times 0.100\ 00} = 0.500\ 0(\text{mol/L})$

答:NaOH 溶液的物质的量浓度等于 0.500 0mol/L。

(二)滴定度

滴定度有两种表示方法。

1. 滴定度以每毫升标准溶液中所含溶质 B 的质量来表示,符号为 T_B,其单位为 g/mL。例如,某 NaOH 溶液的滴定度 $T_{NaOH}=0.004\ 600$g/mL,表示 1mL NaOH 标准溶液中含有 0.004 600g 的 NaOH。

2. 滴定度以每毫升标准溶液相当于待测物质的质量来表示,符号为 $T_{B/A}$,其单位为 g/mL。在 $T_{B/A}$ 中,B 表示标准溶液的化学式,A 表示待测物质的化学式。例如,$T_{HCl/NaOH}=0.003\ 600$g/mL,表示每毫升 HCl 标准溶液相当于 NaOH 的质量为 0.003 600g,也就是在滴定过程中,每毫升 HCl 标准溶液恰好能与 0.003 600g 的 NaOH 完全反应。若已知滴定度,再乘以滴定过程中消耗标准溶液的体积,就可以直接计算出待测物质的质量,即:

$$m_A = T_{B/A} \cdot V_B$$

例如，在滴定中消耗上述 HCl 标准溶液 23.00mL，则被测溶液中 NaOH 的质量为：

$$m_{NaOH} = T_{HCl/NaOH} \times V_{HCl} = 0.003\ 600 \times 23.00 = 0.082\ 8\ (g)$$

 课堂互动

1. 说出 $T_{HCl} = 0.005\ 600g/mL$ 表示的含义。

2. 说出 $T_{HCl/NaOH} = 0.007\ 600g/mL$ 表示的含义。

二、基 准 物 质

在分析化学中，基准物质是能够用于直接配制标准溶液或标定标准溶液的物质。基准物质必须具备下列条件。

1. 纯度高　物质的纯度要高，质量分数在 99.9% 以上。

2. 化学组成与化学式完全相符　若含有结晶水，如草酸（$H_2C_2O_4 \cdot 2H_2O$）、硼砂（$Na_2B_4O_7 \cdot 10H_2O$）等，其结晶水含量也应与化学式完全相符。

3. 性质稳定　不易分解、潮解、风化或变质，不与空气中的二氧化碳及氧气发生反应。

4. 不发生副反应　参加反应时，按化学计量关系定量进行，没有副反应。

5. 摩尔质量较大　具有较大的摩尔质量，以减少称量的相对误差。

三、标准溶液的配制

1. 直接配制法　凡是符合基准物质条件的试剂，均可用直接法配制标准溶液。直接法是精密称取一定质量的基准物质，溶解后定量转移到容量瓶中，准确加水稀释至标线，根据基准物质的质量和溶液的体积，计算出标准溶液准确浓度的方法。

2. 间接配制法　不符合基准物质条件的试剂，可用间接法配制。间接法是先配成近似所需浓度的溶液，再用基准物质或另一种标准溶液来确定其准确浓度的方法。

利用基准物质或已知准确浓度的标准溶液来确定另一种标准溶液准确浓度的操作过程称为标定。常用的标定方法有以下几种。

（1）基准物质标定法

1）多次称量法：精密称取基准物质 3 份，分别置于锥形瓶中，各加 20~25mL 蒸馏水使之完全溶解，用待标定的标准溶液滴定至终点。根据基准物质的质量和待标定溶液消耗的体积,计算出 3 份标准溶液的准确浓度,取平均值作为标准溶液的浓度。

2）移液管法:准确称取一份基准物质于烧杯中,加适量蒸馏水使之完全溶解,定量转移到容量瓶中,稀释至一定体积,摇匀。用 25mL 移液管准确移取 3 份该溶液分别置于锥形瓶中,用待标定的标准溶液滴定,计算出 3 份标准溶液的准确浓度,取平均值作为标准溶液的浓度。

（2）比较法标定:用一种已知准确浓度的标准溶液来确定待标定溶液浓度的方法,即根据两种溶液所消耗的体积和滴定反应方程式的计量关系及标准溶液的浓度,计算出待标定溶液的准确浓度。平行操作 3 次,取平均值作为标准溶液的浓度。此方法虽然不如基准物质标定法精确,但简便易行。

标定好的标准溶液要妥善保存,对不稳定的溶液要定期进行标定。如 $AgNO_3$、$KMnO_4$ 等见光易分解的标准溶液应贮存在棕色瓶中;$NaOH$、$Na_2S_2O_3$ 等不稳定的标准溶液放置 2~3 个月后,应重新标定。

 课堂互动

直接配制法和间接配制法配制标准溶液时,所选用的称量仪器和测量体积的量器是否相同?

第四节　滴定分析法的计算

一、滴定分析法计算的依据

在滴定分析中,用标准溶液 B 滴定待测组分 A 时,其滴定反应可用下式表示:

$$bB \quad + \quad aA \quad \rightleftharpoons \quad P$$
（标准溶液）　（待测物）　（生成物）

当滴定达到化学计量点时,b mol 的 B 恰好与 a mol 的 A 完全反应,其物质的量之比等于化学反应方程式中各物质的系数之比,这就是滴定分析计算的依据。数学表达式为:

$$n_B : n_A = b : a$$

即

$$n_B = \frac{b}{a} n_A \qquad （3-3）$$

二、滴定分析计算的基本公式

（一）标准溶液浓度、体积与待测物质浓度、体积的关系

设标准溶液 B 的浓度为 c_B，待测溶液的浓度为 c_A，待测溶液的体积为 V_A（mL），在化学计量点时，消耗标准溶液的体积为 V_B（mL），则：

$$c_A V_A = \frac{a}{b} c_B V_B \tag{3-4}$$

（二）标准溶液浓度、体积与待测物质质量的关系

设标准溶液 B 滴定待测物质 A 的质量为 m_A（g），反应达到化学计量点时，消耗标准溶液的体积为 V_B（mL），B 与 A 的计量关系为：

$$c_B V_B = \frac{b}{a} \times \frac{m_A}{M_A} \times 1\,000 \quad \text{或} \quad m_A = \frac{a}{b} c_B V_B M_A \times 10^{-3} \tag{3-5}$$

（三）固体试样中待测组分含量的计算公式

若待测物质为固体，其组分含量通常以质量分数表示。设试样质量为 m_S（g），试样中待测组分 A 的质量为 m_A（g），ω_A 为待测组分的质量分数。当标准溶液 B 滴定至化学计量点时，消耗的体积为 V_B（mL），则：

$$\omega_A = \frac{m_A}{m_S}$$

$$\omega_A = \frac{a}{b} \times \frac{c_B \times V_B \times M_A \times 10^{-3}}{m_S} \tag{3-6}$$

（四）物质的量浓度 c_B 与滴定度 $T_{B/A}$ 间的关系

根据滴定度 $T_{B/A}$ 和物质的量浓度 c_B 的定义，它们的换算关系为：

$$c_B = \frac{b}{a} \times \frac{T_{B/A}}{M_A} \times 1\,000 \quad \text{或} \quad T_{B/A} = \frac{a}{b} \times \frac{c_B M_A}{1\,000} \tag{3-7}$$

三、滴定分析计算示例

（一）标准溶液的标定（比较法）

例 3-2　准确量取 18.00mL 的 H_2SO_4 溶液，以酚酞为指示剂，用 0.100 0mol/L 的 NaOH 标准溶液滴定，终点时消耗 NaOH 溶液 21.00mL，求 H_2SO_4 溶液的浓度。

解：
$$2NaOH + H_2SO_4 \Longrightarrow Na_2SO_4 + 2H_2O$$

$$n_{H_2SO_4} = \frac{1}{2} \times n_{NaOH}$$

根据公式 $c_A V_A = \dfrac{a}{b} c_B V_B$ 得：

$$c_{H_2SO_4} V_{H_2SO_4} = \frac{1}{2} \times c_{NaOH} V_{NaOH}$$

代入数据得：

$$c_{H_2SO_4} = \frac{1}{2} \times \frac{c_{NaOH} V_{NaOH}}{V_{H_2SO_4}} = \frac{1}{2} \times \frac{0.100\,0 \times 21.00 \times 10^{-3}}{18.00 \times 10^{-3}} = 0.058\,33(\,mol/L\,)$$

答：H_2SO_4 溶液的浓度为 0.058 33mol/L。

（二）称取基准物质质量的估算

例 3-3 用基准物质无水 Na_2CO_3 标定 HCl 溶液，到达终点时为使 0.100 0mol/L HCl 标准溶液体积消耗在 21.00~25.00mL 之间，应称取基准物质无水 Na_2CO_3 多少克？

解：
$$Na_2CO_3 + 2HCl \Longleftrightarrow 2NaCl + CO_2\uparrow + H_2O$$

根据公式 $c_B V_B = \dfrac{b}{a} \times \dfrac{m_A}{M_A} \times 1\,000$ 得：

$$\frac{m_{Na_2CO_3}}{M_{Na_2CO_3}} = \frac{1}{2} \times c_{HCl} \times V_{HCl} \times 10^{-3}$$

代入数据得：

$$m_{Na_2CO_3} = \frac{1}{2} \times c_{HCL} \times V_{HCl} \times M_{Na_2CO_3} \times 10^{-3}$$

当 $V_{HCl} = 21$mL $m_{Na_2CO_3} = \dfrac{1}{2} \times 0.100\,0 \times 21.00 \times 106 \times 10^{-3} = 0.111\,3(\,g\,)$

当 $V_{HCl} = 25$mL $m_{H_2CO_3} = \dfrac{1}{2} \times 0.100\,0 \times 25.00 \times 106 \times 10^{-3} = 0.132\,5(\,g\,)$

答：应称取基准物质无水 Na_2CO_3 的质量在 0.111 3~0.132 5g 之间。

（三）待测组分含量的测定

例 3-4 用 0.100 0mol/L HCl 标准溶液滴定 K_2CO_3 试样，准确称取 0.182 6g 试样，滴定时消耗 23.80mL HCl 标准溶液，计算试样中 K_2CO_3 的质量分数。

解：
$$K_2CO_3 + 2HCl \Longleftrightarrow 2KCl + CO_2\uparrow + H_2O$$

$$n_{K_2CO_3} = \frac{1}{2} \times n_{HCl}$$

根据公式 $\omega_A = \dfrac{a}{b} \times \dfrac{c_B \times V_B \times M_A \times 10^{-3}}{m_S}$ 得：

$$\omega_{K_2CO_3} = \frac{1}{2} \times \frac{c_{HCl} \times V_{HCl} \times 10^{-3} \times M_{K_2CO_3}}{m_S}$$

$$\omega_{K_2CO_3} = \frac{1}{2} \times \frac{0.100\,0 \times 23.80 \times 10^{-3} \times 138.21}{0.182\,6} \times 100\% = 0.900\,7$$

答：此试样中 K_2CO_3 的质量分数为 0.900 7。

（四）滴定度的计算

例 3-5 计算 0.100 0mol/L HCl 标准溶液对 CaO 的滴定度。

解： 已知 $c_{HCl}=0.100\,0$mol/L $\qquad M_{CaO}=56.08$g/mol

$$2HCl + CaO \Longleftrightarrow CaCl_2 + H_2O$$

滴定反应的计量关系为 $\dfrac{a}{b} = \dfrac{1}{2}$，根据公式 $T_{B/A} = \dfrac{a}{b} \times \dfrac{c_B M_A}{1\,000}$ 得：

$$T_{HCl/CaO} = \frac{a}{b} \times \frac{c_{HCl} M_{CaO}}{1\,000} = \frac{1}{2} \times \frac{0.100\,0 \times 56.08}{1\,000} = 0.002\,804\,(g/mL)$$

答：0.100 0mol/L HCl 标准溶液对 CaO 的滴定度是 0.002 804g/mL。

本章小结

　　本章学习重点是滴定分析法的概念、原理和分类、滴定分析反应必须具备的条件、基准物质必须满足的条件、标准溶液浓度的表达方式和溶液的配制方法。本章学习难点是滴定分析计算的依据和方法。在学习过程中要掌握滴定分析法的基本概念，明确滴定分析的原理和分类，注意比较 4 种滴定分析法的特点，注重定量分析中常用仪器的操作方法，采用多种学习方式巩固知识，提高动手能力。

（舒　雷）

思考与练习

一、名词解释

1. 滴定分析法

2. 标准溶液

3. 标定

二、填空题

1. 滴定分析法可分为_____、_____、_____与_____。

2. 配制滴定液的方法有_____与_____。

3. 滴定度 $T_{B/A}$ 中，B 表示_____，A 表示_____。

三、简答题

1. 基准物质具备的条件是哪些？

2. 什么是标定？标定的方法有几种？

四、计算题

1. 用 $T_{NaOH/HCl}$=0.003 545g/mL 的 NaOH 滴定液滴定 HCl 溶液，消耗掉 NaOH 滴定液 25.00mL，求被滴定溶液中 HCl 的质量。

2. 精密量取 0.102 1mol/L 的 NaOH 溶液 20.00mL，加甲基橙 2 滴，用 HCl 溶液滴定，用去 23.33mL，计算 HCl 溶液的浓度。

第四章 | 酸碱滴定法

04章 数字资源

 导入案例

食醋是单独或混合使用各种含有淀粉、糖的物料、食用酒精,经微生物发酵酿制而成的液体酸性调味品,具有增进食欲、促进消化的作用。《食品安全国家标准 食醋》(GB 2719—2018)规定,食醋总酸指标(以乙酸计)≥3.5g/100mL。

问题与思考:

1. 测定食醋中总酸的含量,应采用化学分析法,还是仪器分析法?
2. 测定食醋中总酸的含量,最常用的方法是什么?

酸碱滴定法是以酸碱反应为基础的滴定分析方法,又称中和法。本法操作简便,准确度高,广泛应用于测定酸、碱性物质或能与酸、碱性物质发生酸碱反应的其他物质的含量,是其他滴定分析方法的基础。

第一节　酸碱指示剂

课堂互动

在装有 50mL 蒸馏水的小烧杯中,分别滴加市售白醋(乙酸≥6.0g/100mL)和酚酞溶液各 1 滴,混匀,观察溶液颜色有何变化;再逐滴滴加 0.1mol/L NaOH 溶液数滴,边滴边混匀,观察滴入过程中溶液颜色的变化情况,直至溶液由无色转变为浅红色,记录滴数。

问题与思考:

1. 为什么溶液会由无色变为红色?酚酞在其中起什么作用?

2. 酚酞的颜色变化与什么有关?该变色点有何意义?从实验中得到什么启示?

酸碱反应通常无外观变化,要确定酸碱滴定反应的化学计量点,通常需要借助酸碱指示剂,根据其颜色变化确定滴定终点。而要正确选择适当的酸碱指示剂,则必须认识酸碱指示剂的变色原理、变色范围以及选择依据。

一、酸碱指示剂的变色原理

酸碱指示剂是一类能指示溶液 pH 变化的有机弱酸或弱碱性物质。在水溶液中,指示剂发生酸碱解离平衡,生成与其结构和颜色不同的离子;当溶液 pH 改变时,平衡发生移动,分子与离子的平衡浓度发生变化,从而导致溶液的颜色发生变化。

例如,酚酞指示剂是一种有机弱酸,分子(酸式结构)常用 HIn 表示,呈现的颜色称为酸式色(无色),在水溶液中发生解离平衡,生成颜色与结构不同的离子,离子(碱式结构)常用 In⁻ 表示,呈现的颜色称为碱式色(红色),其平衡表达式如下:

$$HIn \rightleftharpoons H^+ + In^-$$

酸式色(无色)　　　碱式色(红色)

从上述平衡式可以发现,在酸性溶液中,平衡向左移动,酚酞主要以酸式结构存在,溶液为无色。若在溶液中加入 OH⁻,随着 pH 逐渐增大,平衡向右移动,当溶液变为碱性时,酚酞主要以碱式结构存在,溶液由无色变为红色。

又如,甲基橙是一种有机弱碱,在水溶液中的解离平衡与颜色变化如下:

$$InOH \rightleftharpoons In^+ + OH^-$$

碱式色(黄色)　　　酸式色(红色)

当溶液 pH 减小时,平衡向右移动,溶液由黄色变为红色;反之则由红色变为黄色。

二、酸碱指示剂的变色范围

酸碱指示剂的变色原理表明,指示剂颜色的变化与溶液的酸碱性(pH)有关。但并非溶液 pH 稍有变化或任意改变,都能引起指示剂的颜色变化,故必须了解指示剂的颜色变化与溶液 pH 变化之间的定量关系。现以酚酞为例阐述其颜色变化与溶液 pH 的关系。

酚酞在水溶液中达到解离平衡时,其解离平衡常数 K_{HIn} 的表达式及变式如下:

$$K_{HIn}=\frac{[H^+][In^-]}{[HIn]} \quad 或 \quad [H^+]=K_{HIn}\cdot\frac{[HIn]}{[In^-]}$$

$$pH=pK_{HIn}-\lg\frac{[HIn]}{[In^-]}$$

在一定温度下,K_{HIn} 为常数。从上述关系式可以发现,指示剂呈现的颜色取决于其酸式结构与碱式结构的浓度比值,即 $[HIn]/[In^-]$(或 $[In^-]/[HIn]$),而该值由溶液的 pH 决定,当溶液 pH 发生改变时,该值将发生改变,指示剂颜色随之改变。因人的视觉分辨能力有限,不是溶液 pH 稍有变化,就能观察到指示剂的颜色变化,只有该值大于或等于 10 时,才能观察到其中浓度较大的那种结构的颜色。即当 $[HIn]/[In^-]\geqslant10$,仅能观察到酸式色(无色),此时溶液 $pH\leqslant pK_{HIn}-1$;当 $[In^-]/[HIn]\geqslant10$,仅能观察到碱式色(红色),此时溶液 $pH\geqslant pK_{HIn}+1$。当 $[HIn]/[In^-]=1$ 时,仅能观察到两种颜色的混合色(中间色),此时溶液的 $pH=pK_{HIn}$,称为指示剂的理论变色点。

由此可见,只有当溶液的 pH 在 $pK_{HIn}-1$ 到 $pK_{HIn}+1$ 之间变化时,才能明显地观察到指示剂的颜色变化,故将此 pH 变化范围称为指示剂的变色范围,用 $pH=pK_{HIn}\pm1$ 表示。常见的酸碱指示剂见表 4-1。在实际工作中,指示剂变色范围需要通过实验测得,其实际数值与理论变色范围略有差别,这主要与人的视觉对不同颜色的敏感度存在差异有关。

表 4-1 常用酸碱指示剂及其变色范围(25℃)

指示剂	变色范围 pH	酸式色	碱式色	pK_{HIn}	用量(滴/10mL 试液)
百里酚蓝	1.2~2.8	红	黄	1.65	1~2
甲基黄	2.9~4.0	红	黄	3.25	1
甲基橙	3.1~4.4	红	黄	3.45	1
溴酚蓝	3.0~4.6	黄	紫	4.10	1
溴甲酚绿	3.8~5.4	黄	蓝	4.90	1~3
甲基红	4.4~6.2	红	黄	5.10	1

指示剂	变色范围 pH	酸式色	碱式色	pK_{HIn}	用量（滴/10mL 试液）
溴百里酚蓝	6.2~7.6	黄	蓝	7.30	1
中性红	6.8~8.0	红	橙黄	7.40	1
酚红	6.7~8.4	黄	红	8.00	1
百里酚蓝	8.0~9.6	黄	蓝	8.90	1~4
酚酞	8.0~10.0	无	红	9.10	1~2
百里酚酞	9.4~10.6	无	蓝	10.00	1~2

三、影响酸碱指示剂变色范围的因素

1. 温度与溶剂　指示剂变色范围与 K_{HIn} 有关，K_{HIn} 与温度、溶剂有关，故温度或溶剂的改变，会导致指示剂变色范围随之改变。因此酸碱滴定一般在室温下水溶液中进行。

2. 指示剂的用量　用量不宜过多或过少，否则在滴定终点时会使指示剂的颜色过深或过浅，变色不敏锐。另外，指示剂本身是弱酸或弱碱，也会消耗部分滴定液，造成一定的误差。故一般情况下，50mL 溶液中加入指示剂 2~3 滴即可。

3. 滴定程序　由于人的视觉在观察颜色变化时，对由浅到深的变化比较敏感，故在滴定时也应按照指示剂颜色由浅到深的变化过程来设计滴定程序。例如，用 NaOH 溶液滴定 HCl 溶液，理论上可选用酚酞或甲基橙作指示剂，但用前者，终点颜色变化由无色到浅红色，易于辨认，若用后者，由红色变为黄色，不易辨认，显然用酚酞指示终点更好。

 课堂互动

已知 A 溶液加入甲基橙呈黄色，加入甲基红呈红色；B 溶液加入甲基红呈黄色，加入酚酞为无色，请判断 A、B 溶液的 pH。

第二节　酸碱滴定类型及指示剂的选择

常见的酸碱滴定类型主要有强酸（碱）的滴定、一元弱酸（碱）的滴定等，其滴定过程一般分为四个阶段，即滴定前、计量点前、计量点、计量点后。由于不同类型的酸碱滴定在滴定过程中，特别是在化学计量点前后相对误差为 ±0.1% 的范围内，溶液的 pH 变化规律不同，故要正确选择合适的指示剂就必须认识滴定过程中各阶段溶液的 pH 变化规律。

一、强酸(碱)的滴定

1. 滴定基本反应与溶液的 pH 变化规律 滴定基本反应为：

$$H^+ + OH^- \rightleftharpoons H_2O$$

现以 0.100 0mol/L NaOH 溶液滴定 20.00mL 0.100 0mol/L HCl 溶液为例，讨论滴定过程中溶液 pH 的变化规律。滴定过程各阶段溶液的组成、pH、酸碱性等见表 4-2。

表 4-2 0.100 0mol/L NaOH 溶液滴定 20.00mL
0.100 0mol/L HCl 溶液的 pH 变化规律（25℃）

滴定过程	滴定前	计量点前	计量点	计量点后
溶液的组成	HCl 溶液	HCl$_{剩余}$+NaCl	NaCl 溶液	NaCl+NaOH$_{过量}$
$[H^+]/(mol \cdot L^{-1})$	0.100 0	$n_{HCl剩余}/V_{溶液}$	10^{-7}	
$[OH^-]/(mol \cdot L^{-1})$			10^{-7}	$n_{NaOH过量}/V_{溶液}$
溶液的 pH	1.00	$-lg[H^+]$	7.00	14.00−pOH
溶液的酸碱性	酸性	酸性	中性	碱性

根据表 4-2 的计算方法，各阶段加入 NaOH 溶液的体积 V_{NaOH}、剩余 HCl 溶液的体积 V_{HCl}（或过量 V_{NaOH}），可算出溶液的 pH，其变化情况见表 4-3。

表 4-3 0.100 0mol/L NaOH 溶液滴定 20.00mL
0.100 0mol/L HCl 溶液的 pH 变化（25℃）

滴定过程	加入 V_{NaOH}/mL	剩余 V_{HCl}/mL	过量 V_{NaOH}/mL	pH	pH 变化
滴定前	0.00	20.00		1.00	ΔpH=3.30
计量点前	19.80	0.20		3.30	
	19.98	0.02		4.30	sp 前后 ±0.1%
计量点	20.00	0.00		7.00	ΔpH=5.40
计量点后	20.02		0.02	9.70	滴定突跃范围
	20.20		0.20	10.70	
	22.00		2.00	11.70	ΔpH=2.80
	40.00		20.00	12.50	

2. 滴定曲线与指示剂的选择 以表 4-3 中 NaOH 的加入量为横坐标，溶液 pH 变化为纵坐标绘图，所得到的曲线称为强碱滴定强酸的滴定曲线，见图 4-1。

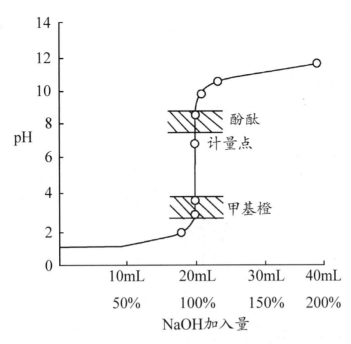

图 4-1　0.100 0mol/L NaOH 滴定 20mL 0.100 0mol/L HCl 的滴定曲线

由表 4-3 和图 4-1 可知,从滴定开始到滴入 NaOH 溶液体积至 19.98mL,还剩余 0.02mL(约半滴)盐酸溶液未被中和时,溶液的 pH 从 1.00 上升至 4.30,仅改变 3.30 个 pH 单位,该段曲线上升缓慢。当滴入 NaOH 溶液体积从 19.98mL 至 20.02mL,仅增加 0.04mL 时(约一滴,NaOH 过量约半滴),溶液的 pH 由 4.30 急剧上升至 9.70,改变了 5.40 个 pH 单位,溶液由酸性突变到碱性,该段曲线斜率近似垂直上升。这种在化学计量点 ±0.1% 的范围内溶液 pH 的突变,称为滴定突跃。滴定突跃所在的 pH 范围,称为滴定突跃 pH 范围,简称滴定突跃范围。

由于滴定突跃范围是在化学计量点前后相对误差为 ±0.1% 的范围内,故酸碱指示剂的变色范围若落在滴定突跃范围内,滴定终点与化学计量点之差(滴定误差)最大也只有 ±0.1%,满足滴定分析允许测量误差的要求。故在酸碱滴定中,选择指示剂的原则为:指示剂的变色范围全部或部分应落在滴定突跃范围之内,或理论变色点尽量接近化学计量点。根据这一原则,强碱滴定强酸可选用酚酞、甲基红、甲基橙等作为指示剂。

若用 0.100 0mol/L HCl 滴定 0.100 0mol/L NaOH,则滴定曲线的形状与图 4-1 恰好对称。

 课堂互动

强碱滴定强酸,选择哪种指示剂最合适? 若选择甲基橙作指示剂,当滴定至溶液由红色变为橙色(变色点 pH=3.45)时停止滴定,是否符合滴定误差要求,为什么?

3. 影响滴定突跃范围的因素　滴定突跃范围的大小与酸碱的浓度有关,浓度越大,滴定突跃范围越大,可供选用的指示剂越多;反之亦然。图 4-2 是三种不同浓度的 NaOH 溶液滴定相同浓度的 HCl 溶液的滴定曲线。由图可见,用 0.010 00mol/L 的 NaOH 溶液滴定相同浓度的 HCl 溶液 20.00mL,滴定突跃范围的 pH 是 5.30~8.70,可选择甲基红或酚酞作指示剂,不能选择甲基橙。故标准溶液及待测溶液的浓度不能太低。一般标准溶液浓度应控制在 0.01~0.2mol/L 为宜。

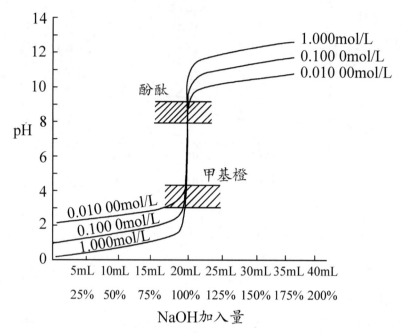

图 4-2　不同浓度的 NaOH 溶液滴定相应浓度的 HCl 溶液的滴定曲线

二、一元弱酸(碱)的滴定

(一)强碱滴定一元弱酸

1. 滴定基本反应及溶液的 pH 变化规律　现以 0.100 0mol/L NaOH 溶液滴定 20.00mL 0.100 0mol/L HAc 溶液为例,讨论强碱滴定一元弱酸溶液的 pH 变化规律及指示剂的选择。滴定基本反应为:

$$HAc + NaOH \rightleftharpoons NaAc + H_2O$$

滴定过程四个阶段溶液的组成、[H⁺]、[OH⁻]、pH、酸碱性等见表 4-4。

表 4-4　0.100 0mol/L NaOH 滴定 20.00mL
0.100 0mol/L HAc 溶液的 pH 变化规律(25℃)

滴定过程	滴定前	计量点前	计量点	计量点后
溶液的组成	HAc 溶液	HAc剩余 +NaAc	NaAc 溶液	NaAc+NaOH过量
$[H^+]/(mol \cdot L^{-1})$	$\sqrt{c_{HAc} \cdot K_{HAc}}$	$K_{HAc} \cdot \dfrac{c_{HAc}}{c_{Ac^-}}$		

滴定过程	滴定前	计量点前	计量点	计量点后
$[OH^-]/(mol \cdot L^{-1})$			$\sqrt{c_{Ac^-} \cdot \dfrac{K_W}{K_{HAc}}}$	$n_{NaOH过量}/V_{溶液}$
溶液的 pH	2.87	$-lg[H^+]$	8.73	14.00−pOH
溶液的酸碱性	弱酸性	弱酸－中性－弱碱性	弱碱性	强碱性

按照表 4−4 中的计算方法,可算出滴定过程中各阶段溶液的 pH,见表 4−5。

表 4−5　0.100 0mol/L NaOH 滴定 20.00mL 0.100 0mol/L HAc 溶液的 pH 变化(25℃)

滴定过程	加入 V_{NaOH}/mL	剩余 V_{HAc}/mL	过量 V_{NaOH}/mL	pH	pH 变化
滴定前	0.00	20.00		2.88	
计量点前	10.00	10.00		4.75	
	19.98	0.02		7.76	sp 前后 ±0.1%
计量点	20.00	0.00		8.72	ΔpH=1.94
计量点后	20.02		0.02	9.70	滴定突跃范围
	22.00		2.00	11.70	

2. 滴定曲线与指示剂的选择　以表 4−5 中 NaOH 溶液的加入量为横坐标,溶液的 pH 变化为纵坐标绘图,所得到的曲线称为强碱滴定一元弱酸的滴定曲线,见图 4−3。

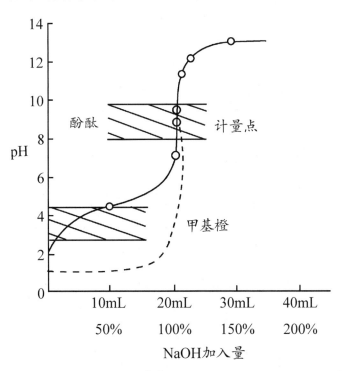

图 4−3　0.100 0mol/L NaOH 滴定 20mL 0.100 0mol/L HAc 的滴定曲线

根据表 4-5 与图 4-3 所示,将 NaOH 滴定 HAc 与滴定 HCl 的滴定曲线进行比较可以看出,NaOH 滴定 HAc 的滴定曲线有以下特点:

滴定前,曲线起点高,因 HAc 为弱酸。计量点前,随着 NaOH 的滴入,曲线斜率缓慢上升,因溶液缓冲能力较强,pH 变化微小;接近计量点时,pH 增加较快,因 HAc 浓度非常小,溶液缓冲能力减弱,随着 NaOH 的滴入,溶液 pH 与曲线斜率迅速增大。计量点前后 ±0.1% 内,曲线斜率急剧上升,滴定突跃范围的 pH 为 7.76~9.70,ΔpH=1.94。计量点时,溶液呈弱碱性,pH=8.72。计量点后,ΔpH 逐渐减少,与强碱滴定强酸的滴定曲线相似。

由滴定曲线可知,强碱滴定弱酸的滴定突跃范围在弱碱性范围内,故只能选择在碱性区域变色的指示剂,如酚酞、百里酚蓝。

3. 影响滴定突跃范围的因素　强碱滴定一元弱酸的滴定突跃范围不仅与弱酸的浓度(c_a)有关,还取决于弱酸的强度(K_a)。当 c_a 一定时,K_a 越大,突跃范围越大,反之亦然,见图 4-4。当 c_a 为 0.1mol/L,$K_a \leqslant 10^{-9}$ 时,滴定曲线已无明显突跃,难以选择适宜的指示剂确定计量点。故用强碱直接准确滴定一元弱酸时,必须满足一定条件:即 $c_a \cdot K_a \geqslant 10^{-8}$。

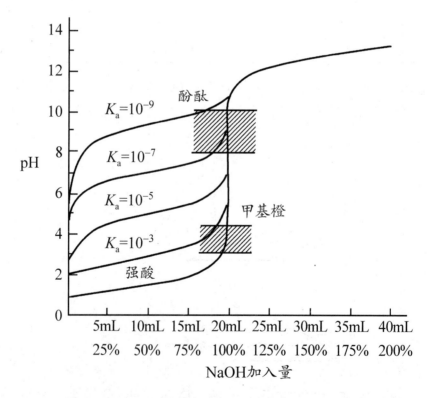

图 4-4　0.100 0mol/L NaOH 滴定 20mL 不同
强度的 0.100 0mol/L 弱酸溶液的滴定曲线

(二)强酸滴定一元弱碱

该类型的滴定可以用 0.100 0mol/L HCl 溶液滴定 0.100 0mol/L NH$_3$·H$_2$O 溶液

20.00mL 为例进行讨论。其滴定基本反应为：

$$HCl + NH_3 \cdot H_2O \rightleftharpoons NH_4Cl + H_2O$$

滴定曲线如图 4-5 所示,从图中可以看出强酸滴定一元弱碱的滴定突跃与强碱滴定一元弱酸类似,所不同的是 pH 变化方向相反,滴定曲线形状刚好相反。在化学计量点时溶液呈弱酸性(pH=5.28),滴定突跃范围的 pH 为 6.30~4.30,故只能选择酸性区域变色的指示剂,如甲基橙、甲基红等指示终点。同样,影响滴定突跃范围的因素与一元弱碱的浓度和强度有关,只有弱碱的 $c_b \cdot K_b \geq 10^{-8}$,才能用强酸直接准确滴定。

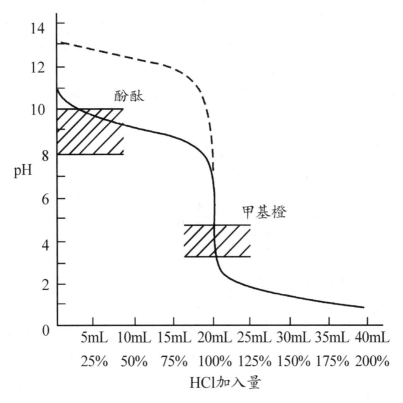

图 4-5　0.100 0mol/L HCl 滴定 0.100 0mol/L
NH$_3$·H$_2$O 的滴定曲线

 课堂互动

1. 请比较 0.100 0mol/L NaOH 滴定同浓度的 HCl 和 HAc 的滴定曲线有何异同。

2. 0.100 0mol/L HCl 滴定同浓度的 NH$_3$·H$_2$O 能否选择酚酞为指示剂? 为什么?

第三节　酸碱滴定法的应用

一、标准溶液的配制与标定

在酸碱滴定法中,最常用的标准溶液是 NaOH 溶液和 HCl 溶液,也可采用 H_2SO_4 溶液和 KOH 溶液。浓度一般为 0.01~1mol/L,最常用的浓度为 0.1mol/L。

（一）0.1mol/L NaOH 标准溶液的配制与标定

1. 配制　因 NaOH 固体易吸收空气中的水分,还易吸收 CO_2 生成 Na_2CO_3,故只能用间接法配制。为了除去 NaOH 溶液中的 Na_2CO_3,通常将 NaOH 先配成饱和溶液(密度 1.56g/mL,质量分数 0.52,物质的量浓度约为 20mol/L),贮于塑料瓶中静置数日,使 Na_2CO_3 沉于底部,再取一定量上清液,用新煮沸后放冷的蒸馏水稀释成所需的配制浓度即可。

根据稀释公式,可知配制 0.1mol/L NaOH 溶液 1 000mL,应取 NaOH 饱和溶液的体积为:

$$20 \times V = 0.1 \times 1\ 000$$

$$V = 5mL（一般比计算量多取些,取 5.6mL）$$

2. 标定　标定氢氧化钠溶液最常用的基准物质是邻苯二甲酸氢钾。标定反应如下:

$$KHC_8H_4O_4 + NaOH \Longrightarrow KNaC_8H_4O_4 + H_2O$$

操作步骤:精密称取在 105~110℃ 干燥至恒重的基准物质邻苯二甲酸氢钾($KHC_8H_4O_4$, $M_{KHC_8H_4O_4} = 204.22g/mol$)约 0.5g,置于 250mL 锥形瓶中,加蒸馏水 50mL 使其完全溶解,加酚酞指示剂 2 滴,用待标定的 NaOH 标准溶液滴定至溶液呈现浅红色且 30s 内不褪色,即为终点。记录消耗 NaOH 溶液的体积,按下式计算 NaOH 的准确浓度。

$$c_{NaOH} = \frac{m_{KHC_8H_4O_4}}{V_{NaOH}M_{KHC_8H_4O_4}} \times 10^3$$

（二）0.1mol/L HCl 标准溶液的配制与标定

1. 配制　盐酸易挥发,故只能用间接法配制。一般市售浓盐酸的密度为 1.19g/mL,质量分数为 0.37,物质的量浓度约为 12mol/L。根据稀释公式,可知配制 0.1mol/L HCl 溶液 1 000mL,应取浓盐酸的体积为:

$$12 \times V = 0.1 \times 1\ 000$$

$$V \approx 8.3mL（HCl 配制时也应比计算量多取些,一般取 9mL）$$

2. 标定　标定 HCl 溶液常用的基准物质为无水碳酸钠,标定反应如下:

$$Na_2CO_3 + 2HCl \Longrightarrow 2NaCl + CO_2 \uparrow + H_2O$$

精密称取在 270~300℃ 干燥至恒重的基准物质无水 Na_2CO_3 固体 0.13g,置于 250mL

锥形瓶中,加蒸馏水 50mL 使其完全溶解,加入溴甲酚绿－甲基红混合指示剂 10 滴,摇匀,用待标定的 HCl 标准溶液滴定至溶液由绿色转变为紫红色,暂停滴定,将溶液加热煮沸约 2min 至紫红色变回绿色,冷却至室温,继续用 HCl 标准溶液滴定至溶液呈暗紫色即为终点,记录所消耗 HCl 的体积。按下式计算 HCl 的准确浓度。

$$c_{\mathrm{HCl}} = \frac{2m_{\mathrm{Na_2CO_3}}}{V_{\mathrm{HCl}}M_{\mathrm{Na_2CO_3}}} \times 10^3$$

二、应 用 示 例

酸碱滴定法的应用范围十分广泛,诸多药品的含量分析与测定都可以用本法,如测定食醋总酸量,以及乙酰水杨酸、苯甲酸、药用硼酸、药用 NaOH 的含量等。

（一）食醋总酸量的测定

食醋总酸量的测定见实验部分。

（二）乙酰水杨酸的测定

乙酰水杨酸(阿司匹林)是常用的解热镇痛药,在水中可解离出 H^+($K_a = 3.4 \times 10^{-4}$),其 $c_a \cdot K_a \geq 10^{-8}$,故可用 NaOH 标准溶液采用直接滴定法测定,以酚酞为指示剂,滴定反应为:

按下式计算乙酰水杨酸的含量:

$$\omega_{\mathrm{C_9H_8O_4}} = \frac{c_{\mathrm{NaOH}}V_{\mathrm{NaOH}}M_{\mathrm{C_9H_8O_4}}}{m_{\mathrm{s}}} \times 10^{-3}$$

（三）临床上人体血浆中[HCO_3^-]的测定

人体血液中约 95% 以上的 CO_2 是以 HCO_3^- 形式存在,正常人体血浆中[HCO_3^-]为 22~28mmol/L。临床上测定人体血浆中[HCO_3^-]可帮助诊断血浆中 CO_2 结合力及酸碱性。由于 HCO_3^- 的碱性较弱,与盐酸反应速度较慢,故采用返滴定法测定。滴定反应为:

$$\mathrm{NaHCO_3 + HCl \rightleftharpoons NaCl + CO_2 \uparrow + H_2O}$$

$$\mathrm{HCl + NaOH \rightleftharpoons NaCl + H_2O}$$

测定方法:在血浆中加入准确过量的 HCl 标准溶液,使其与 HCO_3^- 反应生成 CO_2,并使 CO_2 逸出,然后用酚红为指示剂,用 NaOH 标准溶液滴定剩余的 HCl,根据 HCl 和 NaOH 标准溶液的浓度和消耗的体积计算血浆中[HCO_3^-]。计算公式为:

$$c_{\mathrm{HCO_3^-}} = \frac{c_{\mathrm{HCl}}V_{\mathrm{HCl}} - c_{\mathrm{NaOH}}V_{\mathrm{NaOH}}}{V_{\mathrm{s}}}$$

本章小结　本章学习重点是酸碱指示剂的变色原理与变色范围,一元酸碱的滴定曲线、滴定突跃范围以及指示剂选择,常见标准溶液的配制与标定。学习难点是酸碱指示剂的变色原理及影响因素,滴定突跃的概念及影响突跃范围的因素,标准溶液的标定方法等。在学习过程中掌握酸碱指示剂的变色原理与变色范围;明确一元酸(碱)滴定曲线的特点与异同,熟悉滴定突跃范围以及指示剂的选择原则,并能正确选择合适的指示剂。了解影响酸碱指示剂变色范围、滴定突跃范围的因素。学会配制和标定常见酸碱标准溶液,拓展酸碱滴定法在日常生活、医学检验、药物分析等领域中的应用。采用理实一体、线上线下混合式学习方式强化知识与技能,提高发现问题、分析问题、解决问题的能力。

（白　斌）

 思考与练习

一、名词解释

1. 酸碱指示剂

2. 指示剂的变色点

3. 酸碱滴定突跃

4. 滴定突跃范围

二、填空题

1. 酸碱指示剂的理论变色范围是＿＿＿＿＿＿＿;理论变色点是＿＿＿＿＿＿＿＿。

2. 酸碱指示剂的选择原则是＿＿＿＿＿＿＿＿＿＿＿＿＿＿＿＿＿＿＿＿＿＿＿。

3. 酸碱滴定的类型包括＿＿＿＿＿＿、＿＿＿＿＿＿、＿＿＿＿＿＿＿。

4. 一元弱酸、弱碱能被准确滴定的条件是＿＿＿＿＿＿＿＿＿和＿＿＿＿＿＿。

5. 配制饱和氢氧化钠溶液的目的是＿＿＿＿＿＿＿＿＿＿＿＿＿,其物质的量浓度为＿＿＿＿＿＿。

6. 影响指示剂变色的主要因素是＿＿＿＿＿、＿＿＿＿＿、＿＿＿＿＿、＿＿＿＿＿。

7. 酸碱滴定曲线是以＿＿＿＿＿＿为横坐标,以＿＿＿＿＿＿为纵坐标所绘制的曲线。

8. 影响酸碱滴定突跃范围的因素是＿＿＿＿＿＿＿＿＿和＿＿＿＿＿＿＿＿。

三、简答题

1. 如何配制氢氧化钠标准溶液?

2. 请问 0.1mol/L 甲酸溶液能否用 NaOH 标准溶液准确滴定? 选择什么做指示剂? 已知 25℃时甲酸的 $K_a=1.77\times10^{-4}$。

3. 用硼砂作为基准物质标定盐酸滴定液的浓度,若事先将其置于干燥器中保存,则对滴定结果产生什么影响?

四、计算题

1. 用基准物质邻苯二甲酸氢钾(M_B=204.22g/mol)标定 0.1mol/L NaOH 标准溶液,到达滴定终点时若使标准溶液体积消耗在 20~24mL 之间,应称取邻苯二甲酸氢钾多少克?

2. 精密称取 0.498 9g 基准物质邻苯二甲酸氢钾,用 0.1mol/L NaOH 溶液滴定至终点,消耗 NaOH 溶液的体积为 23.68mL。计算 NaOH 标准溶液的浓度。

3. 精密量取市售食醋 5.00mL,用 50mL 蒸馏水稀释,以酚酞为指示剂,用 0.100 0mol/L NaOH 标准溶液滴定至浅红色,消耗 NaOH 溶液的体积为 23.50mL,求食醋中醋酸($M_{醋酸}$=60.052g/mol)的含量。

第五章 沉淀滴定法

05章 数字资源

 导入案例

生理盐水又称为无菌生理盐水,是指浓度为 9g/L 的氯化钠溶液。生理盐水中氯化钠含量的测定可用铬酸钾指示剂法。铬酸钾指示剂法的基本原理:在 pH 为 6.5~10.5 的溶液中,硝酸银与溶液中的氯化钠生成氯化银沉淀,过量的硝酸银与铬酸钾指示剂反应生成砖红色铬酸银沉淀,指示反应到达终点。

问题与思考:

1. 浓度为 9g/L 的氯化钠溶液为什么称为生理盐水?
2. 铬酸钾指示剂法为什么要在 pH 为 6.5~10.5 的溶液中进行?

第一节 概 述

沉淀滴定法是以沉淀反应为基础的滴定分析方法。能生成沉淀的反应很多,但能用于滴定分析的反应并不多,必须符合下列条件:

1. 沉淀的溶解度必须很小（S<10⁻⁶g/mL）。

2. 沉淀反应必须迅速、定量地进行。

3. 有适当的方法指示滴定终点。

4. 沉淀的吸附现象不影响滴定结果和滴定终点的确定。

受上述条件的限制，目前有实用价值的主要是生成难溶性银盐的反应。

$$Ag^+ + Cl^- \rightleftharpoons AgCl\downarrow$$

$$Ag^+ + SCN^- \rightleftharpoons AgSCN\downarrow$$

利用生成难溶性银盐反应的沉淀滴定法称为银量法。银量法常用于测定含 Cl^-、Br^-、I^-、SCN^-、CN^-、Ag^+ 等离子的化合物含量，在药物分析中也常用来测定能生成难溶性银盐的有机化合物的含量。除银量法外，还有其他沉淀滴定法，但实际应用都不广泛。

第二节 银量法

银量法根据指示剂的不同可分为三种方法：铬酸钾指示剂法、吸附指示剂法和铁铵矾指示剂法。本节主要讨论铬酸钾指示剂法和吸附指示剂法。

一、铬酸钾指示剂法

（一）测定原理

铬酸钾指示剂法是以 K_2CrO_4 为指示剂，$AgNO_3$ 标准溶液为滴定液，在中性或弱碱性溶液中测定氯化物或溴化物含量的银量法。由于 AgCl 的溶解度（1.8×10^{-3}g/L）比 Ag_2CrO_4 的溶解度（2.3×10^{-3}g/L）小，根据分步沉淀原理，在滴定终点前首先析出的是 AgCl 白色沉淀。随着 $AgNO_3$ 滴定液的不断加入，AgCl 沉淀不断生成，溶液中的 Cl^- 浓度逐渐下降。待溶液中 Cl^- 沉淀完全后，稍过量的 Ag^+ 立即与 CrO_4^{2-} 反应生成 Ag_2CrO_4 砖红色沉淀，从而指示滴定终点。其反应式为：

终点前

$$Ag^+ + Cl^- \rightleftharpoons AgCl\downarrow（白色）$$

终点时

$$2Ag^+ + CrO_4^{2-} \rightleftharpoons Ag_2CrO_4\downarrow（砖红色）$$

 知识拓展

分 步 沉 淀

在实际工作中，溶液中往往存在不止一种离子（如 Cl^-、Br^-、I^-）。若几种离子的浓度接近，当加入某种沉淀剂（如 $AgNO_3$）时，可能分别与溶液中的多种离子发生反应而产生沉淀。溶解度最小的 AgI 最先沉淀,溶解度最大的 AgCl 最后沉淀,这种根据溶解度的大小按一定的次序先后沉淀的现象称为分步沉淀。

(二)滴定条件

为了获得较准确的测定结果,应控制以下滴定条件:

1. 指示剂的用量要适当　指示剂 K_2CrO_4 的浓度必须合适,若指示剂用量过多,会使待测溶液中 Cl^- 尚未沉淀完全时 Ag^+ 就与 CrO_4^{2-} 反应,生成砖红色的铬酸银沉淀,导致终点提前,造成负误差。若指示剂用量过少,滴定至化学计量点时,稍过量的 Ag^+ 仍不能与 CrO_4^{2-} 反应形成铬酸银沉淀,导致终点延后,造成正误差。通过理论计算,如要在化学计量点时恰好生成 Ag_2CrO_4 沉淀,此时溶液中 CrO_4^{2-} 浓度应为 7.1×10^{-3} mol/L。由于 K_2CrO_4 指示剂本身黄色较深,直接影响 Ag_2CrO_4 砖红色沉淀的观察,使反应终点难以确定,所以实际操作时指示剂的用量要比计算量略低一些。实践证明,一般 CrO_4^{2-} 浓度约为 5×10^{-3} mol/L 较为合适,即在 50~100mL 的溶液中,加入 50g/L 的 K_2CrO_4 指示剂 1~2mL。

2. 溶液的酸度　铬酸钾指示剂法只能在中性或弱碱性(pH 为 6.5~10.5)溶液中进行。

若溶液为酸性($pH \leqslant 6.5$),CrO_4^{2-} 将与 H^+ 结合形成 $HCrO_4^-$,甚至转化成 $Cr_2O_7^{2-}$,使 CrO_4^{2-} 浓度降低,化学计量点时不能形成 Ag_2CrO_4 沉淀。

$$2CrO_4^{2-} + 2H^+ \Longleftrightarrow 2HCrO_4^- \Longleftrightarrow Cr_2O_7^{2-} + 2H_2O$$

若溶液为强碱性($pH \geqslant 10.5$),则会生成 AgOH 沉淀,进而转化成棕黑色 Ag_2O 沉淀。

$$2Ag^+ + 2OH^- \Longleftrightarrow 2AgOH$$

$$2AgOH \Longleftrightarrow Ag_2O + H_2O$$

因此若溶液酸性太强,可用碳酸氢钠或硼砂中和。若溶液碱性太强,可用稀硝酸中和。

3. 滴定不能在碱性溶液中进行　AgCl 和 Ag_2CrO_4 均能与 NH_3 反应生成 $[Ag(NH_3)_2]^+$ 而使沉淀溶解,因此,如溶液中有氨存在,必须用酸中和,且控制溶液 pH 在 6.5~7.2 之间,以防生成的铵盐分解产生氨。

 课堂互动

能否用铬酸钾指示剂法测定氯化铵的含量?如果可以,该如何控制溶液酸度?

4. 排除干扰离子　对铬酸钾指示剂法产生干扰的离子很多,溶液中不能含有能与 CrO_4^{2-} 生成沉淀的阳离子(如 Ba^{2+}、Pb^{2+}、Bi^{3+} 等)或与 Ag^+ 生成沉淀的阴离子(如 PO_4^{3-}、AsO_4^{3-}、CO_3^{2-}、S^{2-}、$C_2O_4^{2-}$ 等),也不能含有大量的有色离子(如 Cu^{2+}、Co^{2+}、Ni^{2+} 等)和在中性或弱碱性溶液中易发生水解的离子(如 Fe^{3+}、Al^{3+} 等)。若有这类离子,滴定前应将其掩蔽或分离。

5. 滴定时应充分振摇　为防止 AgCl 和 AgBr 沉淀对 Cl^- 或 Br^- 产生吸附作用,使终点提前,应注意在滴定过程中充分振摇。

 课堂互动

铬酸钾指示剂法为什么不能测定 I^- 和 SCN^-?

二、吸附指示剂法

(一)测定原理

吸附指示剂法是以吸附指示剂确定滴定终点,以 $AgNO_3$ 标准溶液为滴定液,测定卤化物含量的银量法。吸附指示剂是一类有机染料,在溶液中解离出有色离子,当被带相反电荷的胶体沉淀吸附后,结构发生改变从而引起颜色的变化,以指示滴定终点的到达。以荧光黄为吸附指示剂,用 $AgNO_3$ 标准溶液滴定 Cl^- 的原理如下。

荧光黄是一种有机弱酸,用 HFIn 表示,在溶液中可部分解离为荧光黄阴离子 (FIn^-),呈黄绿色。

$$HFIn \Longleftrightarrow H^+ + FIn^-(黄绿色)$$

化学计量点前,溶液中存在未滴定完的 Cl^-,AgCl 胶粒优先吸附 Cl^- 而带负电荷 $(AgCl \cdot Cl^-)$,由于同种电荷相斥不吸附荧光黄阴离子,溶液仍呈黄绿色。当滴定稍过计量点时,溶液中的 Ag^+ 过量,AgCl 胶粒优先吸附 Ag^+ 而带正电荷 $(AgCl \cdot Ag^+)$,立即吸附荧光黄阴离子 $(AgCl \cdot Ag^+ \cdot FIn^-)$,导致指示剂结构改变而使沉淀表面呈现浅红色,从而指示滴定终点。其反应式为:

终点前(Cl^- 过量)

$$AgCl + Cl^- + FIn^-(黄绿色) \Longleftrightarrow AgCl \cdot Cl^- + FIn^-(黄绿色)$$

终点时(Ag^+ 稍过量)

$$AgCl + Ag^+ \Longleftrightarrow AgCl \cdot Ag^+$$

$$AgCl \cdot Ag^+ + FIn^-(黄绿色) \Longleftrightarrow AgCl \cdot Ag^+ \cdot FIn^-(浅红色)$$

表 面 吸 附

沉淀的表面吸附现象是由于沉淀表面的离子电荷未达到平衡,过量电荷吸引了溶液中带相反电荷的离子所致。这种表面吸附有选择性,沉淀总是优先吸附与自身组成相同或相近的离子。例如,氯化钾和硝酸银反应生成氯化银时,如氯化钾过量,氯化银选择性吸附氯离子;如硝酸银过量,氯化银选择性吸附银离子。

(二)滴定条件

为了获得较准确的测定结果,应控制以下滴定条件:

1. 保持沉淀呈胶体状态　由于指示剂颜色变化是在胶粒表面吸附指示剂后才发生的,应尽可能使卤化银呈胶体状态。因此,在滴定前应将溶液稀释并加入糊精、淀粉等亲水性高分子化合物,防止胶体聚沉,使终点颜色变化敏锐。

2. 选择吸附力适当的指示剂　胶粒对指示剂阴离子的吸附能力应略小于对待测离子的吸附能力,当滴定稍过化学计量点时,胶粒就立即吸附指示剂阴离子而变色。但胶粒对指示剂阴离子的吸附能力也不能太小,否则终点延后,产生正误差。

卤化银胶粒对卤素离子和几种常用吸附指示剂阴离子的吸附能力大小顺序为:

$$I^- > 二甲基二碘荧光黄 > Br^- > 曙红 > Cl^- > 荧光黄$$

测定 Cl^- 和 Br^- 时,分别选用何种吸附指示剂为宜?

3. 溶液的酸度要适当　吸附指示剂大多为有机弱酸,起指示作用的主要是指示剂的阴离子。由于各种吸附指示剂的 K_a 不同,所以应控制溶液的酸度使其有利于指示剂解离。K_a 约为 10^{-7} 的荧光黄可在 pH 为 7.0~10.0 的中性或弱碱性条件下使用,K_a 约为 10^{-4} 的二氯荧光黄可在 pH 为 4.0~10.0 的范围内使用。常用吸附指示剂使用的适宜酸度见表 5-1。

表 5-1　常用吸附指示剂使用的适宜酸度

指示剂	待测离子	滴定液	适宜 pH 范围	颜色变化
荧光黄	Cl^-	Ag^+	7~10	黄绿色→微红色
二氯荧光黄	Cl^-	Ag^+	4~10	黄绿色→红色
曙红	Br^-、I^-、SCN^-	Ag^+	2~10	橙色→紫红色
二甲基二碘荧光黄	I^-	Ag^+	中性	橙红色→蓝红色
酚藏红	Cl^-、Br^-	Ag^+	酸性	红色→蓝色

为什么对于K_a较小的吸附指示剂,滴定时要求溶液的酸度低些;而对于K_a较大的吸附指示剂,滴定时要求溶液的酸度高些?

4. 避免在强光照射下滴定　卤化银胶体极易感光分解析出灰黑色的金属银,影响滴定终点的观察,因此,在滴定过程中应避免强光照射。

第三节　银量法应用示例

一、标准溶液的配制和标定

银量法所用的标准溶液是硝酸银和硫氰酸铵(或硫氰酸钾)溶液。

(一)硝酸银标准液的配制与标定

1. 直接配制法　精密称取一定量的基准物质硝酸银(在110℃下干燥至恒重),用蒸馏水配制成一定体积的溶液,计算其准确浓度,储存在棕色试剂瓶中,贴上标签备用。直接配制法配制硝酸银标准溶液的浓度计算公式如下:

$$c_{AgNO_3} = \frac{m_{AgNO_3}}{V_{AgNO_3} \times M_{AgNO_3}} \times 10^3$$

恒　重

恒重是指供试品连续两次干燥或炽灼后称重的差异在0.3mg(《中国药典》规定)以下的重量。恒重的目的是检查在一定条件下试样经过加热后其挥发性成分是否挥发完全。

2. 间接配制法　称取一定量的分析纯硝酸银,先配制成近似浓度的溶液,再用基准试剂氯化钠(在110℃下干燥至恒重)标定,计算其准确浓度。间接配制法配制硝酸银标准溶液的浓度计算公式如下:

$$c_{AgNO_3} = \frac{m_{NaCl}}{V_{AgNO_3} \times M_{NaCl}} \times 10^3$$

（二）硫氰酸铵滴定液的配制与标定

由于硫氰酸铵（NH_4SCN）易吸湿，并常含有杂质，很难达到基准试剂所要求的纯度，故只能用间接配制法配制硫氰酸铵滴定液。先配制成近似浓度的溶液，以铁铵矾为指示剂，用基准试剂硝酸银（在110℃下干燥至恒重）标定。间接配制法配制硫氰酸铵滴定液的浓度计算公式如下：

$$c_{NH_4SCN} = \frac{c_{AgNO_3} \times V_{AgNO_3}}{V_{NH_4SCN}}$$

二、应 用 示 例

（一）无机卤化物和有机碱的氢卤酸盐的测定

银量法可用于测定可溶性的无机卤化物如氯化钠、氯化钙、氯化铵、溴化钾、碘化钾、碘化钠、碘化钙等，也可用于测定有机碱的氢卤酸盐如盐酸麻黄碱、氢溴酸东莨菪碱等。

（二）有机卤化物的测定

银量法不仅可以测定无机卤化物，也可以测定有机卤化物。与测定无机卤化物不同的是，有机卤化物中的卤素原子与碳原子结合较牢固，一般不能直接采用银量法进行测定，必须经过适当的处理，使有机卤化物中的卤素原子以离子的形式进入溶液后，再用银量法测定。如氢氧化钠水解法用于工业氯乙酸（$ClCH_2COOH$）总氯的测定，氧瓶燃烧法用于二氯酚含量的测定等。

（三）形成难溶性银盐的有机化合物的测定

银量法还可用于测定能生成难溶性银盐的有机化合物，如巴比妥类药物的含量。巴比妥类药物为巴比妥酸（丙二酰脲）的衍生物，分子中亚甲基的 $\alpha-H$ 和2个酰亚氨基中的氢原子都很活泼，在水溶液中存在着酮式－烯醇式互变异构。烯醇式表现出较强的酸性，能与碳酸钠或氢氧化钠反应形成水溶性钠盐。其钠盐与硝酸银反应，首先生成可溶性的一银盐，当硝酸银稍过量时，便可生成难溶性的二银盐白色沉淀，以此指示滴定终点的到达。

本章小结　　本章学习重点是银量法、标准溶液的配制和标定。学习难点是铬酸钾指示剂法的测定原理和滴定条件、吸附指示剂法的测定原理和滴定条件。在学习过程中掌握沉淀滴定法的使用条件和应用范围、两种银量法的测定原理和滴定条件、硝酸银标准溶液的配制和标定方法，学会根据分析对象选择正确的沉淀滴定方法。

（张　舟）

思考与练习

一、名词解释

1. 银量法

2. 铬酸钾指示剂法

3. 吸附指示剂法

二、填空题

1. 铬酸钾指示剂法中指示剂的浓度必须合适,若太大,终点将_____;若太小,终点将_____。

2. 铬酸钾指示剂法宜在 pH 为_____条件下进行滴定,若溶液为酸性,CrO_4^{2-} 将与 H^+ 形成_____,甚至转化成_____;若溶液为强碱性,会产生_____沉淀。

三、简答题

1. 沉淀反应用于滴定分析必须具备哪些条件?

2. 吸附指示剂法的原理是什么?滴定条件有哪些?

四、计算题

1. 称取食盐 0.200 0g 溶入水后,以铬酸钾为指示剂,用 0.150 0mol/L 硝酸银标准溶液滴定至终点,消耗 22.50mL。计算食盐中氯化钠的含量。

2. 吸附指示剂法测定某试样中碘化钾含量时,称取试样 1.652 0g,溶于水后,用 0.050 0mol/L 硝酸银标准溶液滴定,消耗 20.00mL。计算试样中碘化钾的含量。

第六章 | 配位滴定法

06章 数字资源

 导入案例

　　钙是人体必需的一种元素，参与人体多个生理过程。人体血液中的钙称为血钙，浓度为2.25~2.75mmol/L。如果血钙浓度超出这个范围就会出现高钙血症或低钙血症，所以血钙测定在临床上具有重要的意义。测定血钙的方法很多，常用的是配位滴定法。一般用EDTA标准溶液滴定，钙紫红素作为指示剂。

　　问题与思考：

　　1. 什么是配位滴定法？

　　2. EDTA测定钙离子的含量必须满足什么条件？

　　配位滴定法是以配位反应为基础的滴定分析方法，是应用最广泛的滴定分析方法之一，主要用于金属离子的测定，如自来水中钙、镁离子含量的测定。一般情况下能用于配位滴定的配位反应必须具备下列条件：

　　1. 配位反应必须完全，生成的配合物要稳定（$K_稳 \geq 10^8$）。

　　2. 配位反应必须按一定的计量关系进行，这是定量计算的基础。

3. 配位反应必须迅速,并且生成的配合物是可溶的。

4. 有适当的方法指示滴定终点。

目前,配位滴定法应用最多的配位剂是乙二胺四乙酸(简称 EDTA),EDTA 作为滴定剂常用于金属离子的测定。

第一节　配位滴定法的基本原理

一、EDTA 的配位特点

EDTA 分子中含有六个配位原子,是一种六齿配体,常用简式 H_4Y 表示。其结构式为:

$$\text{HOOCH}_2\text{C} \qquad\qquad \text{CH}_2\text{COOH}$$
$$\text{NCH}_2\text{CH}_2\text{N}$$
$$\text{HOOCH}_2\text{C} \qquad\qquad \text{CH}_2\text{COOH}$$

(一)EDTA 的溶解性

1. EDTA 为白色粉末状结晶,无臭、无毒,微溶于水,难溶于酸及一般有机溶剂,易溶于碱性溶液中生成相应的盐。在室温时,每 100mL 水中只能溶解 0.02g EDTA,其水溶液显酸性,pH 约为 2.3。

由于 H_4Y 在水中的溶解度较小,不宜作配位滴定的滴定剂。其二钠盐的溶解度较大,因此,EDTA 滴定液常用 $Na_2H_2Y \cdot 2H_2O$ 配制。

2. EDTA 二钠盐可用 $Na_2H_2Y \cdot 2H_2O$ 表示,简称 EDTA 二钠,通常也称为 EDTA。$Na_2H_2Y \cdot 2H_2O$ 为白色结晶粉末,无臭、无毒,在水中有较大的溶解度,室温时每 100mL 水中能溶解 11.1g,水溶液呈弱酸性,pH 约为 4.8。

(二)EDTA 的酸性

实验证明,EDTA 在酸性较高的溶液中,H_4Y 的两个羧酸根可接受 H^+,形成 H_6Y^{2+},此时,EDTA 相当于一个六元酸,存在六级解离平衡。在水溶液中,EDTA 以 H_6Y^{2+}、H_5Y^+、H_4Y、H_3Y^-、H_2Y^{2-}、HY^{3-}、Y^{4-} 七种形式存在。当溶液的 pH 不同时,EDTA 的主要存在形式亦不同。表 6-1 中列出不同 pH 的溶液中 EDTA 的主要存在形式。

表 6-1　不同 pH 时 EDTA 的主要存在形式

pH 范围	<1	1~1.6	1.6~2.0	2.0~2.67	2.67~6.16	6.16~10.26	>10.26
主要存在形式	H_6Y^{2+}	H_5Y^+	H_4Y	H_3Y^-	H_2Y^{2-}	HY^{3-}	Y^{4-}

将少量 EDTA 加入到浓度均为 0.05mol/L 的氯化铵和氨水的缓冲溶液中,其主要存在形式是什么?($NH_3 \cdot H_2O$ 的 pK_b=4.75)

(三)EDTA 的配位性

1. EDTA 与金属离子的作用形式　在进行配位反应时,只有 Y^{4-} 才能与金属离子直接配位。Y^{4-} 一般可简写成 Y,[Y]表示 EDTA 的有效浓度。

2. EDTA 的配位能力与溶液 pH 的关系　当溶液 pH>10.26 时,EDTA 主要以 Y^{4-} 的形式存在。溶液的 pH 越大,Y^{4-} 的浓度越大。因此,溶液的碱性越强,EDTA 的配位能力越强。

知识拓展

EDTA 的妙用

EDTA 广泛应用于生产、生活、医疗、科技等方面:

EDTA 可以用作血液抗凝剂,在血库保存血液时,常加入少量的 EDTA 与血液中游离的 Ca^{2+}、Mg^{2+} 形成稳定的配合物,防止血液凝固。

EDTA 在临床上用作解毒剂(又称促排剂),在排出体内的铅离子时,选用 EDTA 与钙的配合物 $Na_2[Ca(EDTA)]$,既可以排铅,又可以保持血钙不受影响。

此外,EDTA 还可用作染色助剂、纤维处理剂、化妆品添加剂、合成橡胶聚合引发剂、彩色感光材料冲洗加工的漂白定影剂等。

(四)EDTA 与金属离子形成配合物的特点

1. 形成 1:1 型配合物　由于一个 EDTA 分子中含有六个配位原子,可以形成六个配位键,能够满足大多数金属离子的配位数,因此各种价态的金属离子都是按以下反应式进行配位反应,形成 1:1 型配合物。

$$M + Y \rightleftharpoons MY$$

2. 稳定性　EDTA 与大多数金属离子配合时,通常能形成具有多个五元环结构的配合物,所以配合物的稳定性高。常见金属离子与 EDTA 形成配合物的 $\lg K_{稳}$ 列于表 6-2 中。

在一定条件下,只有金属离子与 EDTA 形成配合物的 $\lg K_{稳} \geq 8$ 时,该金属离子才能用配位滴定法测定。

表 6-2　常见金属离子与 EDTA 形成配合物的 $\lg K_稳$（20℃）

金属离子	配合物	$\lg K_稳$	金属离子	配合物	$\lg K_稳$
Na^+	NaY^{3-}	1.66	Co^{2+}	CoY^{2-}	16.31
Ag^+	AgY^{3-}	7.32	Zn^{2+}	ZnY^{2-}	16.50
Ba^{2+}	BaY^{2-}	7.86	Pb^{2+}	PbY^{2-}	18.30
Mg^{2+}	MgY^{2-}	8.64	Cu^{2+}	CuY^{2-}	18.70
Ca^{2+}	CaY^{2-}	10.69	Hg^{2+}	HgY^{2-}	21.80
Mn^{2+}	MnY^{2-}	13.87	Cr^{3+}	CrY^-	23.00
Fe^{2+}	FeY^{2-}	14.33	Fe^{3+}	FeY^-	25.10
Al^{3+}	AlY^-	16.11	Co^{3+}	CoY^-	36.00

3. 可溶性　EDTA 与大多数金属离子形成的配合物可溶于水。

4. 配合物的颜色　EDTA 与无色的金属离子形成的配合物无色，与有色的金属离子形成的配合物颜色加深（表 6-3）。

表 6-3　三种离子及其配合物的颜色

离子	Mg^{2+}	MgY^{2-}	Mn^{2+}	MnY^{2-}	Cu^{2+}	CuY^{2-}
颜色	无色	无色	肉红色	紫红色	淡蓝色	深蓝色

二、影响 EDTA 配合物稳定性的因素

（一）溶液 pH 的影响

1. 滴定允许的溶液最低 pH　实验证明,溶液的 pH 会影响 EDTA 与金属离子形成配合物的稳定性。$K_稳$ 较小的配合物,在弱酸性溶液中就会发生部分解离;$K_稳$ 较大的配合物,在强酸性溶液中几乎不解离。

MgY^{2-}:$\lg K_稳$=8.7,pH 为 5~6 时,MgY^{2-} 几乎全部解离。

ZnY^{2-}:$\lg K_稳$=16.5,pH 为 5~6 时,ZnY^{2-} 稳定存在。

FeY^-:$\lg K_稳$=25.1,pH 为 1~2 时,FeY^- 稳定存在。

因此,不同的金属离子用 EDTA 滴定时,需要的溶液 pH 范围也不同。每一种金属离子的溶液都有一个允许的最低 pH（也称最高酸度）,此时金属离子与 EDTA 生成的配合物刚好能稳定存在。如果滴定时溶液的 pH 低于这个最低 pH,就不能直接进行滴定。常见金属离子用 EDTA 滴定时的最低 pH 列于表 6-4 中。

表 6-4　EDTA 滴定金属离子的最低 pH

金属离子	lg$K_{稳}$	pH	金属离子	lg$K_{稳}$	pH
Mg^{2+}	8.64	9.7	Zn^{2+}	16.50	3.9
Ca^{2+}	10.96	7.5	Pb^{2+}	18.04	3.2
Mn^{2+}	13.87	5.2	Cu^{2+}	18.70	2.9
Fe^{2+}	14.33	5.0	Hg^{2+}	21.80	1.9
Al^{3+}	16.11	4.2	Sn^{2+}	22.10	1.7
Co^{2+}	16.31	4.0	Fe^{3+}	25.10	1.0

从表 6-4 中可知,稳定性不同的配合物滴定时允许的最低 pH 不同。配合物的 lg$K_{稳}$ 越大,则滴定时允许的溶液最低 pH 越小。因此,可利用调节溶液 pH 的方法,在几种离子同时存在时,分别滴定某种离子或进行混合物的连续滴定。如 Cu^{2+} 和 Ca^{2+} 共存时,可先调节溶液呈酸性,用 EDTA 滴定 Cu^{2+},此时 Ca^{2+} 不干扰 Cu^{2+} 测定,因为在酸性溶液中 Ca^{2+} 不能与 EDTA 反应,而 Cu^{2+} 能与 EDTA 形成相对稳定的配合物。当 Cu^{2+} 被滴定完后,再调节溶液呈碱性,继续用 EDTA 滴定 Ca^{2+}。

2. 滴定允许的溶液最高 pH　实际测定中并不是溶液的 pH 越高越好,当溶液的 pH 升高,金属离子在 pH 较高的溶液中会发生水解生成沉淀,从而使配离子的解离度增大,配合物的稳定性降低,影响滴定的进行。每一种金属离子都有一个允许的最高 pH 称为最低酸度。滴定某种金属离子时溶液的 pH 应该控制在该金属离子允许的最高 pH 与最低 pH 之间。

3. 酸度的控制　在滴定过程中,EDTA 会不断地释放出 H^+,使溶液的 pH 降低。例如,用 EDTA 滴定 Mg^{2+} 时,其反应如下:

$$Mg^{2+} + H_2Y^{2-} \Longrightarrow MgY^{2-} + 2H^+$$

为了维持溶液 pH 的稳定,消除反应中产生的 H^+ 对配合物稳定性的影响,一般情况下,在进行滴定时需要加入一定量的缓冲溶液。

（二）其他配位剂的影响

在滴定时,如果溶液中存在其他能够与金属离子发生配位反应的配位剂,就可能影响滴定的准确性。其他配位剂是否产生影响主要从两方面来考虑:

1. 其他配位剂与金属离子形成配合物稳定性的大小　当其他配位剂（Z）的浓度一定时,其他配位剂与金属离子形成配合物的稳定常数 lgK_{MZ} 越小,对金属离子的测定影响越小;当其他配位剂与金属离子形成配合物的稳定常数 lgK_{MZ} 远远小于 EDTA 与金属离子形成配合物的稳定常数 lgK_{MY} 时,其他配位剂对金属离子的测定几乎没有影响。

2. 其他配位剂的浓度大小　当其他配位剂与金属离子形成配合物的稳定常数 lgK_{MZ} 一定时,其他配位剂的浓度越小,对金属离子的测定影响越小;若其他配位剂浓度较大,

而 $lgK_{MZ} > lgK_{MY}$，或者两者相差不大，则其他配位剂就会影响 EDTA 滴定金属离子的准确性。

三、金属指示剂

在配位滴定中，通常需要加入一种能与金属离子生成有色配合物的配位剂来确定滴定终点，这种配位剂称为金属离子指示剂，简称金属指示剂。

（一）金属指示剂的作用原理

金属指示剂多为有机染料，同时也是配位剂（用 In 表示），能与金属离子反应，生成一种与染料本身颜色有显著差别的配合物。

滴定前，金属离子溶液中加入金属指示剂生成配合物（MIn），配合物的颜色与游离的金属指示剂颜色不同，反应式如下：

$$M + In \rightleftharpoons MIn$$
颜色1　　颜色2

滴定开始至终点前，金属离子与滴定剂（Y）生成配合物（MY），一般情况下，滴定剂（Y）与配合物（MY）都是无色的，反应式如下：

$$Y + M \rightleftharpoons MY$$
无色　　　　无色

终点时，由于 MIn 的稳定性小于 MY 的稳定性，所以滴定剂（Y）会夺取配合物（MIn）中的金属离子，使金属指示剂（In）游离出来，反应式如下：

$$Y + MIn \rightleftharpoons MY + In$$
颜色2　　　　　颜色1

当溶液由配合物的颜色转变为指示剂本身的颜色时，显示滴定终点到达。

现以铬黑 T（EBT）为指示剂、用 EDTA 滴定 Mg^{2+} 为例，说明金属指示剂的变色原理。铬黑 T 在 pH 为 7~11 时呈蓝色，与 Mg^{2+} 配位后生成酒红色的配合物。

滴定前，在 pH=10 的 Mg^{2+} 溶液中，加入少量铬黑 T，铬黑 T 与少量的 Mg^{2+} 反应生成酒红色的 Mg-EBT，反应式如下：

$$Mg^{2+} + EBT \xrightarrow{pH=10} Mg-EBT$$
蓝色　　　　　酒红色

滴定开始后，随着 EDTA 的加入，溶液中游离的 Mg^{2+} 不断与 EDTA 反应，生成无色的 Mg-EDTA，溶液仍呈现酒红色，反应式如下：

$$Mg^{2+} + EDTA \rightleftharpoons Mg-EDTA$$
无色　　　　　无色

滴定终点时,游离的 Mg^{2+} 已经反应完全,由于 Mg-EBT 的稳定性小于 Mg-EDTA 的稳定性,加入的 EDTA 将夺取 Mg-EBT 中的 Mg^{2+},使 EBT 游离出来,溶液由酒红色变为蓝色时即为终点。终点时的反应方程式如下:

$$Mg-EBT + EDTA \Longrightarrow Mg-EDTA + EBT$$

酒红色   蓝色

(二)金属指示剂应具备的条件

1. 指示剂 In 的颜色与配合物 MIn 的颜色应有明显的差异。

2. 配合物 MIn 要具有一定的稳定性($\lg K_{稳}>4$)。如 MIn 的稳定性太低,会使终点提前。同时 MIn 的稳定性应小于 MY 的稳定性。一般要求 $\lg K_{稳(Mg-EDTA)}$ 与 $\lg K_{稳(MIn)}$ 差值大于等于 2。这样终点时 EDTA 才能夺取 MIn 中的 M,使 In 游离出来而变色。

3. 指示剂与金属离子发生的配位反应必须灵敏、快速并且有良好的变色可逆性。生成的配合物应易溶于水,否则会使滴定终点拖后。

4. 指示剂要具备一定的选择性,在滴定时只对需要测定的离子发生显色反应。

5. 指示剂应比较稳定,便于使用和贮存。

(三)常用的金属指示剂

1. 铬黑 T　简称 EBT,是一种带有金属光泽的黑褐色粉末。在水溶液中,随着 pH 不同会呈现出 3 种不同的颜色:当 pH<6 时,显红色;当 7<pH<11 时,显蓝色;当 pH>12 时,显橙色。铬黑 T 与金属离子形成的配合物通常为酒红色,因此,铬黑 T 作为指示剂只有 pH 在 7~11 的范围内才有明显的颜色变化(酒红色→蓝色)。实验证明,使用铬黑 T 最适宜的酸度是 pH 为 9.0~10.5。

固体铬黑 T 相当稳定,其水溶液易发生分子聚合而变质,聚合后不再与金属离子显色。一般情况下,将铬黑 T 与干燥的 NaCl 按 1:100 的比例混合研细后,密闭保存备用。如果需要配制成溶液后长期保存,通常将铬黑 T 溶解在三乙醇胺中,再加入少许乙醇,这样配制的铬黑 T 溶液可保存数月。

铬黑 T 可与许多金属离子,如 Ca^{2+}、Mg^{2+}、Mn^{2+}、Zn^{2+}、Cd^{2+}、Pb^{2+} 等形成红色的配合物,故测定上述离子时常用铬黑 T 作指示剂。

2. 钙指示剂　又称钙紫红素、铬蓝黑 R,简称 NN,为紫黑色粉末,在水溶液或乙醇溶液中均不稳定。其水溶液在不同 pH 时呈现不同的颜色,pH<7 时显红色,pH 在 8.0~13.5 时显蓝色,pH>13.5 时显橙色。

当 pH 在 12~13 时,它与 Ca^{2+} 形成红色配合物,所以常在此 pH 范围内作为测定 Ca^{2+} 的指示剂,滴定终点时溶液由红色变成蓝色。

通常情况下,钙指示剂与干燥的 NaCl 固体研细混匀配成 1:100 固体混合物备用。

3. 二甲酚橙　简称 XO,紫红色固体粉末,易溶于水。二甲酚橙与金属离子形成的配合物呈紫红色,在 pH<6.3 的酸性溶液中,可作为直接滴定 Bi^{3+}、Pb^{2+}、Zn^{2+}、Cd^{2+}、Hg^{2+} 等离子时的指示剂,终点时溶液由紫红色变为亮黄色。

第二节　配位滴定法的应用

一、标准溶液的配制与标定

（一）0.05mol/L EDTA 标准溶液的配制

EDTA 标准溶液常用 EDTA 二钠盐（$Na_2H_2Y \cdot 2H_2O$，相对分子质量为 372.2）配制。对于纯度较高的 EDTA 二钠盐可用直接法配制。如果纯度不高，需要用间接法配制，再用基准物质标定。

1. 直接配制法　精密称取干燥后的分析纯 $Na_2H_2Y \cdot 2H_2O$ 约 19g 置于烧杯中，加入适量的温蒸馏水使其溶解，冷却后定量转移至 1 000mL 容量瓶中，稀释至标线，摇匀。按下式计算浓度：

$$c_{EDTA} = \frac{m_{EDTA}}{V_{EDTA}M_{EDTA}}$$

2. 间接配制法　用托盘天平称取 19g $Na_2H_2Y \cdot 2H_2O$，溶于 300mL 温蒸馏水中，冷却后稀释至 1 000mL，混匀并贮存于硬质玻璃瓶或聚乙烯塑料瓶中。

（二）0.05mol/L EDTA 标准溶液的标定

标定 EDTA 溶液的基准物质很多，有金属单质，也有金属氧化物，如 Zn、ZnO 等。

下面以 ZnO 作为基准物质标定 EDTA 标准溶液为例：

精密称取在 800℃灼烧至恒重的基准物质 ZnO 约 0.4g，置于 100mL 烧杯中，加入 6mol/L 的盐酸 10mL，充分反应，待 ZnO 完全溶解后，用蒸馏水冲洗表面皿和烧杯壁，然后将溶液转入 250mL 容量瓶中，用蒸馏水稀释至刻度并摇匀。

准确移取上述溶液 25.00mL 于 250mL 锥形瓶中，加入 20~30mL 蒸馏水，在不断摇动下滴加 6mol/L 的 $NH_3 \cdot H_2O$ 至产生白色沉淀，继续滴加至沉淀恰好溶解，再加入氨 - 氯化铵缓冲溶液（pH=10）10mL 及铬黑 T 指示剂少许（此时溶液为酒红色），用待标定的 EDTA 溶液滴定至溶液由酒红色变为蓝色即为终点。按下式计算 EDTA 的浓度：

$$c_{EDTA} = \frac{m_{ZnO} \times \dfrac{25.00}{250.00}}{V_{EDTA}M_{ZnO}}$$

二、应用示例

配位滴定法有多种滴定方式，有直接滴定法、剩余滴定法等，其应用非常广泛。下面以两个具体示例简单介绍配位滴定法的应用。

（一）葡萄糖酸钙含量的测定

葡萄糖酸钙是一种有机钙盐，分子式为 $C_{12}H_{22}O_{14}Ca$，外观为白色结晶性粉末，常用作食品的钙强化剂和营养剂，作为药物，也常用于老人和儿童的钙缺乏症的治疗。

葡萄糖酸钙的含量测定通常采用直接滴定法，以 EDTA 标准溶液为滴定剂，钙紫红素为指示剂。测定时，精密称取一定量的葡萄糖酸钙，溶解在蒸馏水中，加入氢氧化钠溶液调节 pH 为 13，再加入少许钙紫红素，然后用 EDTA 标准溶液滴定溶液由红色变为蓝色，即为滴定终点。反应式如下：

滴定终点前：

$$Ca^{2+} + NN \rightleftharpoons Ca-NN$$

蓝色 红色

$$Ca^{2+} + H_2Y^{2-} \rightleftharpoons CaY^{2-} + 2H^+$$

滴定终点时：

$$Ca-NN + H_2Y^{2-} \rightleftharpoons CaY^{2-} + NN + 2H^+$$

红色 蓝色

按下式计算葡萄糖酸钙的含量：

$$\omega_{C_{12}H_{22}O_{14}Ca} = \frac{c_{EDTA}V_{EDTA}M_{C_{12}H_{22}O_{14}Ca}}{m_s}$$

（二）明矾含量的测定

明矾 $[KAl(SO_4)_2 \cdot 12H_2O]$ 含量的测定，一般是通过测定明矾中铝的含量，然后换算成明矾的含量。测定铝的含量时，由于 Al^{3+} 与 EDTA 配位反应速度较慢，并且 Al^{3+} 对指示剂产生封闭作用，因此要采用剩余滴定法测定。

精密称取一定量的明矾样品，按要求配制成明矾溶液，然后向溶液中定量加入过量的 EDTA 标准溶液，加热数分钟使 Al^{3+} 与 EDTA 完全反应，然后加入少许二甲酚橙作指示剂，并控制溶液 pH 在 5~6 之间，用 $ZnSO_4$ 标准溶液滴定至溶液由黄色变为紫红色，即为滴定终点。其化学反应方程式如下：

滴定终点前：

$$Al^{3+} + 2H_2Y^{2-}（过量） \rightleftharpoons AlY^- + 2H^+ + H_2Y^{2-}（剩余）$$

$$Zn^{2+} + H_2Y^{2-}（剩余） \rightleftharpoons ZnY^{2-} + 2H^+$$

滴定终点时：

$$Zn^{2+} + XO \rightleftharpoons Zn-XO$$

黄色 紫红色

按下式计算明矾的含量：

$$\omega_{明矾} = \frac{\left[c_{EDTA}V_{EDTA} - c_{ZnSO_4}V_{ZnSO_4}\right]M_{KAl(SO_4)_2 \cdot 12H_2O}}{m_s}$$

本章小结

　　本章学习重点是配位滴定法的基本原理，EDTA 的配位特点，金属指示剂的变色原理。学习难点是影响配合物稳定性的因素，EDTA 标准溶液的配制与标定方法，配位滴定法的应用示例。在学习过程中掌握 EDTA 的配位特点，明确金属指示剂的变色原理，熟悉配位滴定的原理，理解 pH 和其他配位剂对配合物稳定性的影响，学会配制和标定 EDTA 标准溶液，注重配位滴定法在日常生活、工作中的应用，采用理论和实际相结合的方式学习配位滴定的知识，提高分析和解决问题的能力。

（王红波）

? 思考与练习

一、填空题

1. 铬黑 T 简称 _____，适用的 pH 范围是 _____，滴定终点时颜色的变化是 _____。

2. EDTA 在水溶液中有 _____ 种形式存在，其中只有 _____ 形式才能与金属离子直接配位。

3. 影响配合物稳定性的因素有 _____ 和 _____。

4. EDTA 是一种含有 _____ 个配位原子的多齿配体。

5. EDTA 与金属离子配合，不论金属离子是几价，绝大多数都是以 _____ 的形式配合。

6. 用 EDTA 滴定 Mg^{2+} 时，以 _____ 为指示剂，溶液的 pH 必须控制在 _____。

二、简答题

1. EDTA 和金属离子形成的配合物有哪些特点？

2. 金属指示剂应具备哪些条件？为什么金属离子指示剂使用时要求一定的 pH 范围？

三、计算题

1. 临床上测定葡萄糖酸钙的含量操作如下：精密称取葡萄糖酸钙试样 0.531 2g 置于锥形瓶中，加水微热溶解后，用 NaOH 调节溶液 pH 至 12~13，加钙指示剂，用

0.050 20mol/L EDTA 标准溶液滴定,滴定终点消耗 EDTA 标准溶液 19.86mL。计算试样中葡萄糖酸钙的含量（$M_{C_{12}H_{22}O_{14}Ca \cdot H_2O} = 448.4g/mol$）。

2. 精密量取水样 100.00mL,加入氨－氯化铵缓冲溶液 10mL,以铬黑 T 为指示剂,用浓度为 0.010 26mol/L 的 EDTA 标准溶液滴定至终点,消耗 EDTA 标准溶液 24.00mL,计算水的总硬度。[用（$CaCO_3$, mg/L）表示,已知 $M_{CaCO_3} = 100.09g/mol$]。

第七章 │ 氧化还原滴定法

07章 数字资源

学习目标

1. 掌握高锰酸钾法和碘量法的基本原理、测定条件和指示剂。
2. 熟悉碘标准溶液、硫代硫酸钠标准溶液、高锰酸钾标准溶液的配制与标定。
3. 了解氧化还原滴定法的特点，提高氧化还原反应速率的措施。
4. 学会用高锰酸钾法测定双氧水、碘量法测定维生素 C。
5. 具有利用化学思维分析问题的能力，形成严谨的职业素养。

 导入案例

测定维生素 C 含量时，可以精密称取维生素 C，加入稀醋酸和新煮沸放冷的蒸馏水，待样品完全溶解后加入指示剂，立即用碘标准溶液滴定至终点，利用碘标准溶液的浓度和消耗体积计算出维生素 C 的含量。

问题与思考：

1. 这种滴定方式属于哪一类？
2. 可用哪种物质作指示剂？

第一节 概　述

氧化还原滴定法是以氧化还原反应为基础的一类滴定分析方法。该法应用广泛，是滴定分析中重要的分析方法之一。

一、氧化还原滴定法的特点

氧化还原反应是基于氧化剂和还原剂之间电子转移的反应,反应机制比较复杂,反应速率较慢,并且常伴有副反应的发生。能用于滴定分析的氧化还原反应必须具备以下条件:

1. 反应必须按化学反应式的计量关系定量完成。
2. 反应速率快,无副反应。
3. 有适当的方法指示滴定终点。

二、氧化还原滴定法的分类

根据所使用的标准溶液不同,氧化还原滴定法可分为高锰酸钾法、碘量法、亚硝酸钠法、重铬酸钾法、溴酸钾法等。本章介绍高锰酸钾法和碘量法。

三、提高氧化还原反应速率的措施

(一)增加反应物浓度

其他条件不变情况下,增加反应物浓度,反应速率会加快。

例如,在酸性溶液中,可通过增加 I^- 或 H^+ 的浓度来加快下列反应速率。

$$Cr_2O_7^{2-} + 6I^- + 14H^+ \rightleftharpoons 3I_2 + 2Cr^{3+} + 7H_2O$$

(二)升高溶液温度

对于大多数反应,升高温度可加快反应速率。一般情况下,温度每升高 10℃,反应速率可增加为原来的 2~4 倍。

例如,在酸性溶液中,MnO_4^- 和 $C_2O_4^{2-}$ 反应:

$$2MnO_4^- + 5C_2O_4^{2-} + 16H^+ \rightleftharpoons 2Mn^{2+} + 10CO_2\uparrow + 8H_2O$$

此反应在室温时反应速率较慢,若将溶液温度升高至 75~85℃,反应速率可显著加快。

(三)加催化剂

催化剂可大大加快反应速率,缩短反应达到平衡的时间。

例如,Mn^{2+} 对 MnO_4^- 和 $C_2O_4^{2-}$ 的反应具有催化作用。但在实际操作中一般不用另加 Mn^{2+},可利用酸性条件下反应生成的 Mn^{2+} 使反应速率加快。这种由反应过程中产生的生成物所引起的催化反应称为自催化反应,此现象称为自催化现象。

第二节　高锰酸钾法

一、基 本 原 理

高锰酸钾法是以 $KMnO_4$ 溶液为标准溶液,在强酸性溶液中直接或间接测定物质含量的分析方法。

在不同酸碱性溶液中 $KMnO_4$ 氧化能力不同,在强酸性溶液中 $KMnO_4$ 氧化能力最强,因此高锰酸钾法通常在强酸性溶液中进行滴定。高锰酸钾在强酸性溶液中被还原,生成近乎无色的 Mn^{2+},因此用 $KMnO_4$ 标准溶液滴定无色或浅色溶液,达到化学计量点时,稍过量的 $KMnO_4$ 可使溶液显微红色(30s 不褪色),即为滴定终点。这种利用标准溶液或被测溶液自身的颜色变化指示滴定终点的方法称为自身指示剂法。

根据被测组分的性质不同,高锰酸钾法可选择不同的滴定方式:

1. 直接滴定法　许多还原性较强的物质可以与 $KMnO_4$ 直接反应,如 Fe^{2+}、H_2O_2、$C_2O_4^{2-}$、AsO_3^-、NO_2^- 等均可用 $KMnO_4$ 标准溶液直接滴定。

2. 返滴定法　某些氧化性物质不能与 $KMnO_4$ 标准溶液直接反应,可采用返滴定法进行测定。如测定 MnO_2 的含量时,可在稀 H_2SO_4 调节的酸性溶液中加入准确且过量的基准物质 $Na_2C_2O_4$,待 MnO_2 与 $Na_2C_2O_4$ 反应完全,用 $KMnO_4$ 标准溶液滴定剩余的 $Na_2C_2O_4$,从而计算出 MnO_2 的含量。

3. 间接滴定法　某些非氧化性或还原性物质,不能用直接滴定法或返滴定法进行滴定,但这些物质能与另一氧化剂或还原剂定量反应,可采用间接滴定法进行测定。如测定 Ca^{2+} 含量时,可先将 Ca^{2+} 沉淀为 CaC_2O_4,过滤后用稀 H_2SO_4 将 CaC_2O_4 溶解,用 $KMnO_4$ 标准溶液滴定溶液中的 $C_2O_4^{2-}$,从而间接求得 Ca^{2+} 含量。

课堂互动

测定亚铁离子含量时,可以采用高锰酸钾法。该测定过程采用的是哪种滴定方式?滴定终点是什么颜色?

二、滴 定 条 件

（一）酸度

高锰酸钾法常在强酸性条件下进行滴定。通常用稀 H_2SO_4 来调节溶液的酸度,$[H^+]$ 控制在 1~2mol/L 为宜。酸度太高,会导致 $KMnO_4$ 分解。不能用 HNO_3 或 HCl 来控制酸度。因为 HNO_3 具有氧化性，会与被测物反应；而 HCl 具有还原性，能与 $KMnO_4$ 反应。

（二）温度

为了加快反应速率，高锰酸钾法滴定前可适当加热。例如，测定草酸钠含量时可将溶液加热至 75~85℃，趁热滴定。但是，在空气中易氧化或加热易分解的还原性物质则不能加热，如 H_2O_2、Fe^{2+} 等。

（三）滴定速度

滴定开始时反应速率较慢，所以开始滴定速度要慢。但由于 Mn^{2+} 有自动催化作用，随着滴定的进行反应速率明显加快，滴定速度可适当加快。近终点时，滴定速度放慢。

三、指 示 剂

高锰酸钾法采用自身指示剂法，以稍过量 $KMnO_4$ 标准溶液指示滴定终点，颜色为微红色（30s 不褪色）。

四、标准溶液的配制和标定

（一）0.02mol/L $KMnO_4$ 标准溶液的配制

市售 $KMnO_4$ 常含有少量二氧化锰、硫酸盐等杂质，蒸馏水中含有微量的还原性物质，可还原 $KMnO_4$；MnO_2 及光、热、酸、碱等外界条件的改变会促进 $KMnO_4$ 分解，所以 $KMnO_4$ 标准溶液只能用间接法配制。

称取约 1.6g 固体 $KMnO_4$ 置于烧杯中，加蒸馏水 500mL，搅拌溶解，煮沸 15min，冷却后置于棕色试剂瓶中，在暗处静置两周，用垂熔玻璃漏斗过滤，滤液置于另一棕色试剂瓶中，阴凉避光保存，以待标定。

（二）0.02mol/L $KMnO_4$ 标准溶液的标定

常用基准物质 $Na_2C_2O_4$ 标定 $KMnO_4$ 标准溶液。

标定反应：

$$2MnO_4^- + 5C_2O_4^{2-} + 16H^+ \rightleftharpoons 2Mn^{2+} + 10CO_2\uparrow + 8H_2O$$

准确称取在 105℃ 干燥至恒重的基准物质 $Na_2C_2O_4$ 0.2g，加新煮沸放冷的蒸馏水 25mL 和 3mol/L H_2SO_4 溶液 10mL，振摇，水浴加热至 75~85℃，趁热用待标定的 $KMnO_4$ 标准溶液滴定至溶液呈微红色（30s 不褪色）。按下式计算 $KMnO_4$ 标准溶液的浓度：

$$c_{KMnO_4} = \frac{2}{5} \times \frac{m_{Na_2C_2O_4}}{M_{Na_2C_2O_4} V_{KMnO_4} \times 10^{-3}}$$

五、应 用 示 例

过氧化氢含量的测定：过氧化氢俗称双氧水，可与水按任意比互溶，市售双氧水浓度通常为 30%。医用双氧水浓度通常为 3%，可供伤口消毒。

在一般条件下，双氧水会缓慢分解，在用稀硫酸调节的酸性溶液中能和高锰酸钾定量反应，滴定反应为：

$$2KMnO_4 + 5H_2O_2 + 3H_2SO_4 \rightleftharpoons K_2SO_4 + 2MnSO_4 + 5O_2\uparrow + 8H_2O$$

由于过氧化氢受热易分解，故该滴定过程不能进行加热。开始时反应较慢，随着 Mn^{2+} 不断生成，反应速率加快，也可以在反应前加入少量 Mn^{2+} 作催化剂。按下式计算 H_2O_2 溶液的浓度：

$$\rho_{H_2O_2} = \frac{5}{2} \times \frac{c_{KMnO_4}V_{KMnO_4}M_{H_2O_2}}{V_s}$$

第三节　碘　量　法

碘量法是利用 I_2 的氧化性或 I^- 的还原性测定物质含量的方法。碘量法分为直接碘量法和间接碘量法。

一、直接碘量法

（一）原理

利用 I_2 的氧化性直接测定还原性较强物质含量的方法，称为直接碘量法又称为碘滴定法。硫化物、亚硫酸盐、亚砷酸盐、亚锡盐、亚锑酸盐、维生素 C 等，均可用碘标准溶液直接滴定。

（二）条件

滴定反应要在酸性、中性或弱碱性条件下进行。当溶液 pH>9.0，易发生下列副反应：

$$3I_2 + 6OH^- \rightleftharpoons IO_3^- + 5I^- + 3H_2O$$

直接碘量法的应用具有一定的局限性。

（三）指示剂

直接碘量法指示剂是淀粉溶液，需在滴定前加入。到达终点前，淀粉在溶液中是无色的，达到化学计量点时，稍过量的 I_2 就能与淀粉结合而呈现蓝色，从而指示滴定终点。

（四）标准溶液

直接碘量法的标准溶液是 I_2 标准溶液。

1. 0.05mol/L I_2 标准溶液的配制 由于 I_2 具有挥发性和腐蚀性，所以不适合直接法配制，常用间接法配制。

称取碘单质 13g，加 KI 36g 和水 50mL，溶解后加稀盐酸 3 滴，加水稀释至 1 000mL，摇匀，贮存于棕色试剂瓶中备用。

2. 0.05mol/L I_2 标准溶液的标定 精密称取经 105℃ 干燥至恒重的基准物质 As_2O_3（俗称砒霜，剧毒）0.15g，加 1mol/L 氢氧化钠溶液 10mL，稍微加热使溶解，加蒸馏水 20mL，甲基橙指示剂 1 滴，滴加 0.5mol/L 硫酸溶液至溶液由黄色转变为粉红色，再加碳酸氢钠 2g，蒸馏水 50mL，淀粉指示剂 2mL，用待标定的 I_2 标准溶液滴定至浅蓝色（30s 不变色），即为滴定终点。

滴定反应为：

$$As_2O_3 + 6OH^- \rightleftharpoons 2AsO_3^{3-} + 3H_2O$$

$$I_2 + AsO_3^{3-} + 2OH^- \rightleftharpoons 2I^- + AsO_4^{3-} + H_2O$$

按下式计算 I_2 标准溶液的浓度：

$$c_{I_2} = \frac{2m_{As_2O_3} \times 10^3}{M_{As_2O_3} V_{I_2}}$$

由于 As_2O_3 为剧毒物质，实际工作中常用 $Na_2S_2O_3$ 标准溶液标定碘溶液。

二、间接碘量法

（一）原理

利用 I^- 的还原性间接测定氧化性物质含量的方法，称为间接碘量法又称滴定碘法。

测定中先将氧化性物质与过量的 I^- 反应析出定量的 I_2，然后用 $Na_2S_2O_3$ 标准溶液滴定析出的 I_2，根据消耗的 $Na_2S_2O_3$ 标准溶液的量计算出氧化性物质的含量。其基本反应为：

$$I_2 + 2S_2O_3^{2-} \rightleftharpoons 2I^- + S_4O_6^{2-}$$

（二）条件

1. 酸度 滴定反应在中性或弱酸性溶液中进行。开始反应时 $[H^+]$ 在 1mol/L 左右，以加快 I^- 氧化成 I_2 的反应速率。但当用 $Na_2S_2O_3$ 标准溶液滴定析出的 I_2 时，应加水稀释，将溶液的酸度调至中性或弱酸性。

2. 加入过量的 KI 加入比计算值大 2~3 倍量的 KI，既可以加快反应速率，又有足够

量的 I^- 与 I_2 反应生成 I_3^-，增大 I_2 的溶解度，防止 I_2 的挥发。

3. 在室温及避光条件下滴定　升温会增大 I_2 挥发性，降低指示剂的灵敏度；光照可加快 I^- 被空气中氧气氧化速度。

4. 在碘量瓶中滴定　I^- 被氧化成 I_2 的速率较慢，可将氧化性物质和过量的 KI 放在碘量瓶中，盖上碘量瓶盖，水封，在暗处放置 5~10min，待完全反应后，立即用 $Na_2S_2O_3$ 标准溶液滴定析出的 I_2。

5. 避免剧烈振摇　目的是减少滴定过程 I_2 的挥发。

（三）指示剂

间接碘量法的指示剂是淀粉溶液，滴定终点现象为蓝色消失。指示剂需在近终点时加入。加入过早，淀粉和 I_2 形成大量稳定的蓝色物质，造成终点变色不敏锐甚至出现较大的终点推迟，造成滴定误差过大。

 知识拓展

碘遇淀粉变蓝

碘遇淀粉变蓝是因为直链淀粉卷曲成螺旋形，碘分子嵌入淀粉螺旋体的轴心部位，借助范德华力形成淀粉－碘包合物。淀粉与碘生成的包合物的颜色与淀粉糖苷链的长度有关，直链淀粉的链长超过 30 个葡萄糖基，能与碘作用呈现蓝色。

在间接碘量法中经常遇到的一种现象称为"回蓝现象"，它是指蓝色消失后，过段时间又重新变蓝的一种现象。若 5min 内回蓝，主要是因为氧化性物质和 KI 反应不完全，有残留，则需重新实验。若 5min 后回蓝，可认为是碘量瓶中的 I^- 被空气中氧气氧化成 I_2，对实验结果无影响。

（四）标准溶液

间接碘量法的标准溶液是 $Na_2S_2O_3$ 溶液。

1. 0.1mol/L $Na_2S_2O_3$ 标准溶液的配制　$Na_2S_2O_3 \cdot 5H_2O$ 晶体易风化潮解，常含有少量 S、Na_2SO_4、Na_2SO_3、Na_2CO_3、NaCl 等杂质，且新配制的 $Na_2S_2O_3$ 不稳定，能与溶解在水中的 CO_2、微生物和 O_2 等作用分解，故只能采用间接法配制。

在托盘天平上称取 $Na_2S_2O_3 \cdot 5H_2O$ 晶体约 26g，无水 Na_2CO_3 约 0.2g，加蒸馏水溶解后稀释成 1 000mL，贮存于棕色试剂瓶中，放置 8~10d，待其浓度稳定后再标定。

配制 $Na_2S_2O_3$ 标准溶液时，应用新煮沸冷却后的蒸馏水，其目的是杀死水中的微生物，同时除去溶解在水中的 CO_2 和 O_2；加入少量的 Na_2CO_3，使溶液呈弱碱性，可抑制水中微生物的生长。

2. 0.1mol/L $Na_2S_2O_3$ 标准溶液的标定　标定 $Na_2S_2O_3$ 标准溶液可采用 KIO_3、$KBrO_3$

或 $K_2Cr_2O_7$ 等基准物质。由于 $K_2Cr_2O_7$ 价廉,性质稳定,易提纯,故最为常用。其标定反应为:

$$Cr_2O_7^{2-} + 6I^- + 14H^+ \Longrightarrow 2Cr^{3+} + 3I_2 + 7H_2O$$

$$I_2 + 2S_2O_3^{2-} \Longrightarrow 2I^- + S_4O_6^{2-}$$

$$K_2Cr_2O_7 \longrightarrow 3I_2 \longrightarrow 6Na_2S_2O_3$$

精密称取一定质量的基准 $K_2Cr_2O_7$,加蒸馏水溶解,加硫酸酸化后,再加过量的 KI,待反应进行完全后,加蒸馏水稀释,用待标定的 $Na_2S_2O_3$ 标准溶液滴定析出的 I_2,近终点时加入淀粉指示剂,滴定至溶液由蓝色变为亮绿色(30s 不褪色),即为滴定终点。按下式计算 $Na_2S_2O_3$ 标准溶液浓度:

$$c_{Na_2S_2O_7} = \frac{6m_{K_2Cr_2O_7} \times 10^3}{M_{K_2Cr_2O_7} V_{Na_2S_2O_3}}$$

课堂互动

直接碘量法和间接碘量法加入淀粉指示剂的时间是否相同? 终点现象有什么区别?

三、应用示例

维生素 C 含量的测定:维生素 C 又称 L-抗坏血酸,具有较强的还原性,是一类水溶性维生素,在碱性溶液中更易被空气中的氧气氧化。所以,在测定过程中需加入适量的稀醋酸调整酸度,以减少维生素 C 发生副反应的影响,采用直接碘量法。滴定反应如下:

$$\text{HO} \overset{O}{\underset{OH}{\diagdown}} \text{CH—CH}_2\text{OH} + I_2 \Longrightarrow \overset{O}{\underset{O}{\diagdown}} \text{CH—CH}_2\text{OH} + 2HI$$

反应前加入淀粉做指示剂,用碘标准溶液滴定至溶液呈现蓝色且 30s 内不褪色即为终点。按下式计算维生素 C 的质量分数:

$$\omega_{C_6H_8O_6} = \frac{c_{I_2} V_{I_2} M_{C_6H_8O_6} \times 10^{-3}}{m_S}$$

　　本章学习重点是碘量法和高锰酸钾法的原理、测定条件和所使用指示剂种类。学习难点是碘量法和高锰酸钾法的原理。在学习过程中掌握碘标准溶液、硫代硫酸钠标准溶液、高锰酸钾标准溶液的配制与标定。注意比较各种不同类型标准液的配制和标定的相同点和不同点,注重氧化还原滴定法在专业、生活中的应用,促进学生熟练应用高锰酸钾法、碘量法分析处理实际问题。采用多种学习方式巩固知识、提高能力。

（王海燕）

 思考与练习

一、名词解释

1. 自催化现象

2. 自身指示剂法

3. 高锰酸钾法

4. 直接碘量法

二、填空题

1. 加快氧化还原反应速率的方法有 _____、_____、_____。

2. 根据被测物质的性质不同,$KMnO_4$ 法可采用的滴定方式有 _____、_____、_____,配制 $KMnO_4$ 标准溶液采用 _____ 法,标定 $KMnO_4$ 标准溶液常用基准物质 _____,用 _____ 调节强酸性。

3. 碘量法分为 _____ 和 _____ 两种方法,前者是利用 _____ 的 _____ 性测定 _____ 物质的含量。

4. 碘量法使用的指示剂是 _____。其中直接碘量法加入指示剂的时间是 _____,终点现象是 _____。

三、简答题

1. 用 $KMnO_4$ 法测定还原性物质的含量时,能否使用 HNO_3 或 HCl 调节溶液的酸度? 为什么?

2. 在间接碘量法中,淀粉指示剂应何时加入? 为什么?

四、计算题

标定 $Na_2S_2O_3$ 溶液时,称得基准物质 $K_2Cr_2O_7$ 0.153 6g,酸化,并加入过量的 KI,释放的 I_2 用 30.26mL 的 $Na_2S_2O_3$ 滴定至终点,计算 $Na_2S_2O_3$ 溶液的物质的量浓度。

第八章 | 电位分析法

08章 数字资源

 导入案例

尿常规是泌尿外科常见的检查项目之一,其中一项重要的检查项目就是尿液 pH。一般正常饮食条件下,尿液 pH 在 4.6~8.0,饮食、服用药物或疾病都会影响尿液的酸碱度。如果尿液 pH 超出这个范围,说明身体可能出现了某些疾病。

目前测定尿液 pH 最精确的方法为 pH 计法,一般需要用到 pH 计、复合 pH 电极等。

问题与思考:

1. 用 pH 计测定溶液 pH 的原理是什么?
2. 举例说明 pH 计在医学、生活中有哪些应用?

第一节 概　述

一、电位分析法的概念和分类

电位分析法是利用电极电位和溶液中某种离子浓度之间的关系来测定被测物质浓度的一种电化学分析方法。电位分析法具有选择性好、干扰少、灵敏度高等优点,常用于测定溶液的 pH，是医学检验中应用较为广泛的一种电化学分析法。随着离子-选择性电极的出现和应用，电位分析法得以迅速发展，应用日趋广泛，已经成为重要的分析测试手段。

电位分析法根据分析原理的不同通常分为直接电位法和电位滴定法。直接电位法是通过测量电池电动势以求得被测物质含量的分析方法。电位滴定法是通过测量滴定过程中电池电动势的变化来确定滴定终点的分析方法。本章主要介绍直接电位法。

二、原电池与能斯特方程

（一）原电池

原电池是利用氧化还原反应将化学能转变为电能的装置。它由两个（正、负）电极、导线、盐桥和检流计构成。铜锌原电池的结构如图8-1所示。

在铜锌原电池中，锌电极失去电子，发生氧化反应，是原电池的负极。铜电极得到电子，发生还原反应，是原电池的正极。电极上发生的半反应称为电极反应。两个电极反应之和为原电池的电池反应。

负极电极反应：$Zn - 2e \rightleftharpoons Zn^{2+}$（氧化反应）

正极电极反应：$Cu^{2+} + 2e \rightleftharpoons Cu$（还原反应）

电池反应：$Cu^{2+} + Zn \rightleftharpoons Cu + Zn^{2+}$

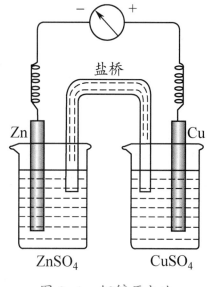

图 8-1 铜锌原电池

（二）电极电位

原电池能够产生电流，说明两个电极之间存在电位差。这个电位差称为原电池的电动势。电动势是由于两个电极失去或得到电子的能力不同而产生的，其大小可以通过实验测定。

电极电位表示电极得失电子的能力，其绝对数值目前无法测定。国际纯粹与应用化学联合会（IUPAC）建议用标准氢电极作为基准参比电极，并规定其电极电位为零，即 $\varphi^\theta = 0.000\ 0V$，上标"$\theta$"代表标准状态。其他电极在标准状态下的电极电位称为该电极的标准电极电位，用符号 φ^θ 表示，单位为 V。在标准状态下，将待测电极与标准氢电极组成原电池，测定该原电池的标准电动势（E^θ），$E^\theta = \varphi^\theta_+ - \varphi^\theta_-$，即可计算出待测电极的标准电极电位。表8-1列出了部分电极的标准电极电位。

表 8-1　部分电极的标准电极电位（25℃）

电极反应	φ^θ/V
$2H^+ + 2e \Longrightarrow H_2$	0.000 0
$Cu^{2+} + 2e \Longrightarrow Cu$	0.337
$Zn^{2+} + 2e \Longrightarrow Zn$	−0.763
$AgCl + e \Longrightarrow Ag + Cl^-$	0.222 3
$Fe^{3+} + e \Longrightarrow Fe^{2+}$	0.771
$I_2 + 2e \Longrightarrow 2I^-$	0.534 5

（三）能斯特方程

25℃（298.15K）时，某电极的电极反应为：$Ox + ne \Longrightarrow Red$，其电极电位 φ 可用能斯特（Nernst）方程计算。

$$\varphi = \varphi^\theta + \frac{0.059}{n} \lg \frac{[Ox]}{[Red]}$$

式中 φ 是给定条件下的电极电位；φ^θ 是标准电极电位；n 是相关电极反应转移的电子数；$[Ox]$ 是氧化态浓度；$[Red]$ 是还原态浓度。

使用此公式时，必须注意：

1. 电极反应中，若各物质的计量系数不是1时，公式中应将它们的系数作为对应各物质浓度的指数。

2. 电极反应中物质是固体、纯液体或者稀溶液中的溶剂时，可将它们的浓度视为1写入公式，若是气体，则用相对分压代入。

3. 电极反应中若有电对以外的物质参与，则要将这些物质的浓度表示在公式中。

第二节　电位分析法中常用的电极

电位分析法通常将待测溶液作为原电池的电解质溶液，在待测溶液中插入两个电极，其中一个电极的电位随被测离子浓度的变化而改变，这种能指示待测离子浓度的电极称为指示电极；另一个电极的电位则不受被测离子影响，具有较稳定的数值，称为参比电极。指示电极和参比电极同时浸入待测溶液中组成原电池，通过测量该电池的电动势，可求得待测离子的浓度。

一、参　比　电　极

目前，参比电极的种类有很多，常用的参比电极是甘汞电极和银－氯化银电极。

（一）甘汞电极

甘汞电极是由单质汞、甘汞（Hg_2Cl_2）和氯化钾溶液组成的电极,其构造如图8-2所示。

电极反应为:

$$Hg_2Cl_2 + 2e \rightleftharpoons 2Hg + 2Cl^-$$

25℃时其电极电位为:

$$\varphi_{Hg_2Cl_2/Hg} = \varphi_{Hg_2Cl_2/Hg}^{\theta} + \frac{0.059}{2}\lg\frac{1}{[Cl^-]^2}$$

简化为:

$$\varphi_{Hg_2Cl_2/Hg} = \varphi_{Hg_2Cl_2/Hg}^{\theta} - 0.059\lg[Cl^-]$$

由上式可知,当温度一定时,甘汞电极的电位决定于$[Cl^-]$,当$[Cl^-]$一定时,其电极电位是个定值。不同KCl浓度的甘汞电极,具有不同的电极电位（表8-2）。其中饱和甘汞电极是电位分析法中最常用的一种参比电极。

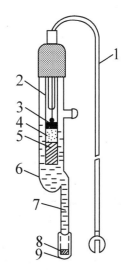

图8-2 饱和甘汞电极

1. 电极引线；2. 玻璃内管；3. 汞；4. 汞－甘汞糊（汞和甘汞研磨成糊）；5. 石棉或纸浆；6. 玻璃外套管；7. 饱和KCl溶液；8. 素烧瓷片；9. 小橡皮塞。

表8-2 25℃时不同KCl浓度甘汞电极的电极电位

名　　称	0.1mol/L 甘汞电极	标准甘汞电极（NCE）	饱和甘汞电极（SCE）
$[Cl^-]$/mol/L	0.1	1.0	饱和
φ/V	0.333 7	0.280 1	0.241 2

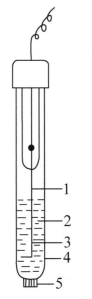

图8-3 银－氯化银电极

1. 银丝；2. 氯化钾溶液；3. 银－氯化银；4. 玻璃管；5. 素烧瓷芯。

（二）银－氯化银电极

银－氯化银电极是在银丝表面镀上一薄层AgCl,浸入浓度一定的KCl溶液中,即组成了银－氯化银电极。其构造如图8-3所示。

电极反应为:

$$AgCl + e \rightleftharpoons Ag + Cl^-$$

25℃时其电极电位为:

$$\varphi_{AgCl/Ag} = \varphi_{AgCl/Ag}^{\theta} - 0.059\lg[Cl^-]$$

由上式可知,当温度一定时,银－氯化银电极电位也取决于$[Cl^-]$,当$[Cl^-]$一定时,其电极电位也是个定值。

如果银－氯化银电极中氯化钾的浓度分别为 0.001mol/L 和 0.01mol/L,两种情况下该电极的电极电位的差值是多少?

二、指示电极

指示电极的电极电位随被测离子浓度的变化而改变。常用的指示电极的种类很多,可以根据测定要求进行选择。本节介绍的指示电极是用于测定溶液中 H^+ 浓度的 pH 玻璃电极。

pH 玻璃电极的下端是由特殊玻璃制成的厚度为 0.05~0.1mm 的球形薄膜。玻璃球膜中装有 0.1mol/L HCl 和 KCl 组成的 pH 一定的缓冲溶液,溶液中插入一支银－氯化银电极作为内参比电极。因为玻璃电极的内阻很高(约 100MΩ),所以电极导线及引出线都要高度绝缘,且导线外套有屏蔽隔离罩,以防漏电或静电干扰。

pH 玻璃电极的构造如图 8-4 所示。

pH 玻璃电极的电位是由膜电位和内参比电极的电位共同决定的,其中内参比电极的电位是一定值,膜电位决定于待测溶液的 pH,因此,25℃时 pH 玻璃电极的电位可表示为:

$$\varphi_{玻} = K_{玻} - 0.059 pH_{待测}$$

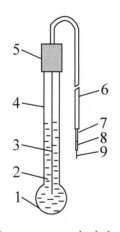

图 8-4　pH 玻璃电极
1. 玻璃球膜;2. 内参比溶液;3. Ag-AgCl 电极;4. 玻璃管;5. 电极帽;6. 外套管;7. 网状金属屏;8. 高绝缘塑料;9. 电极导线。

式中 $K_{玻}$ 为常数,数值与玻璃电极的性质有关。从上式可知,pH 玻璃电极的电位 $\varphi_{玻}$ 在一定条件下与待测溶液的 pH 呈线性关系。只要测出 $\varphi_{玻}$,便可计算出待测溶液的 pH,这就是 pH 玻璃电极测定溶液 pH 的原理。

实际工作中,pH 玻璃电极在使用前,一般需要放入水中或酸性溶液中浸泡 24h 以上,这样电极在使用过程中更稳定。常见的 pH 玻璃电极只能在 5~60℃ 范围内使用,并且在测定标准溶液和待测溶液的 pH 时,温度必须相同。

三、复合 pH 电极

(一)复合 pH 电极的构造

复合 pH 电极是将 pH 玻璃电极和参比电极(甘汞电极或银－氯化银电极)组合在

一起构成的单一电极体,其结构如图8-5所示,由内外两个同心管构成。内管为常规的pH玻璃电极,外管是用玻璃或高分子材料制成的参比电极,内盛参比电极电解液,插有甘汞电极或Ag-AgCl电极,下端为微孔隔离材料,起盐桥的作用。

复合pH电极具有体积小、坚固、耐用、使用方便、有利于小体积溶液pH测定等优点,广泛地用于各种溶液的pH测定。

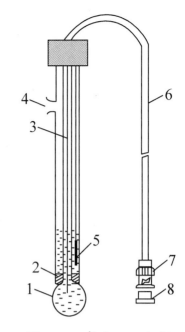

图8-5　复合pH电极

1. pH玻璃电极;2. 瓷塞;3. 内参比电极;4. 充液口;5. 参比电极体系;6. 导线;7. 插口;8. 防尘塞。

（二）使用复合 pH 电极的注意事项

1. 复合pH电极使用时应将电极加液口橡胶套和下端的浸泡瓶取下,并检查玻璃电极及前端球泡。

2. 复合pH电极有一定的适用温度,不可超出温度范围使用。

3. 复合pH电极在使用前后应用蒸馏水清洗干净,若长时间不用,应将电极测量端浸入盛有3mol/L氯化钾溶液的浸泡瓶内保存。

4. 避免在无水乙醇、浓硫酸等脱水介质中使用,也不宜测量有机物、油脂类、黏稠类的物质。

5. 电极长期使用会发生钝化,此时可用4%氢氟酸或者0.1mol/L的稀盐酸浸泡处理,使之复新。

第三节　直接电位法的应用

一、溶液 pH 的测定

（一）测定原理

用直接电位法测定溶液的pH,常用的指示电极为pH玻璃电极,参比电极为饱和甘汞电极,将两支电极插入待测溶液中组成原电池,可表示为:

（－）玻璃电极 | 待测 pH 溶液 ‖ 饱和甘汞电极（＋）

25℃时该电池的电动势为:

$$E = \varphi_{饱和甘汞} - \varphi_{玻} = 0.241\,2 - (K_{玻} - 0.059\text{pH}) = 0.241\,2 - K_{玻} + 0.059\text{pH}$$

由于$K_{玻}$是pH玻璃电极的性质常数,0.241 2是饱和甘汞电极在25℃时的电极电位,两者在一定条件下均为常数,因此,$K_{玻}$ 与 0.241 2 的差值,可以视为一个新的常数,用 K 表示。即上式可表示为:

$$E=K+0.059pH$$

由上式可知,电池的电动势和溶液的 pH 呈线性关系。在 25℃时,溶液 pH 改变一个单位,电池的电动势随之变化 59mV,故通过测定电池的电动势就可求得待测溶液的 pH。

由于每支 pH 玻璃电极的性质常数 $K_{玻}$ 是不相同的,且受到诸多因素的影响,因此公式中常数 K 值不能准确测定。在具体测定时,常用两次测定法消除其影响。即先测定一个已知 pH 标准溶液(pH_s)构成原电池的电动势(E_s),该标准溶液的 pH_s 与 E_s 满足下式:

$$E_s=K+0.059pH_s$$

再测定由待测溶液(pH_x)构成原电池的电动势(E_x),待测溶液的 pH_x 与 E_x 满足下式:

$$E_x=K+0.059pH_x$$

将两式相减并整理得:

$$E_x-E_s=0.059(pH_x-pH_s)$$

$$pH_x=pH_s+\frac{E_x-E_s}{0.059}$$

按上式计算待测溶液的 pH_x,只需知道 E_x 与 E_s 的测量值和 pH_s,不需要知道常数 K 的数值,因此可消除由于 K 值不确定而产生的误差。

在实际工作中,pH 计可直接显示出溶液的 pH。

标准 pH 缓冲溶液是测定 pH 时用于校正仪器的基准试剂,其 pH 的准确性直接影响测定结果的准确度。在选用标准缓冲溶液时,应使其 pH_s 尽可能地与待测溶液的 pH_x 相接近($\Delta pH<2$),这样可减少测量误差。表 8-3 列出了常用标准缓冲溶液的 pH,供选用时参考。

表 8-3 常用标准缓冲溶液的 pH

缓冲溶液	0.05mol/L 邻苯二甲酸氢钾	0.025mol/L 磷酸二氢钾和磷酸氢二钠	0.01mol/L 硼砂
pH（25℃）	4.00	6.86	9.18

（二）pH 计

pH 计又称酸度计,是用来测量溶液 pH 的精密仪器,也可用来测量原电池的电动势,其测量 pH 的方法是直接电位法。实验室常用的 pH 计型号有 pHS-2 型、pHS-25 型、pHS-3 型等,其测量原理相同,结构上略有差别。pH 计的主要组成部分是电极系统和电动势测量系统,如图 8-6 所示。电极系统由 pH 玻璃电极和饱和甘汞电极或复合 pH 电极组成,电动势测量系统主要由电位放大装置和显示转换装置构成。

用 pH 计测定溶液的 pH 时,无论被测溶液有无颜色,是氧化剂还是还原剂,或者是胶体溶液均可测定。因此在医学检验中,常用于试样的 pH 检查。

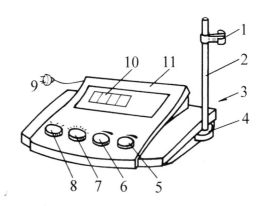

图 8-6 pHS-3C 型 pH 计

1. 电极夹;2. 电极杆;3. 电极插口(背面);4. 电极杆插座;5. 定位调节钮;6. 斜率补偿钮;7. 温度补偿钮;8. 选择开关钮(pH,mV);9. 电源插头;10. 显示屏;11. 面板。

二、其他离子浓度的测定

除氢离子外,其他阴、阳离子也可以用直接电位法测定,所用的指示电极为离子选择性电极(ISE)。

离子选择性电极也称膜电极(如 pH 玻璃电极),是一种电极膜对溶液中特定离子产生选择性响应的电极,常用来测定某种特定离子的浓度。具有测定范围宽、速度快、灵敏度高、操作简便和不破坏样品等特点。

离子选择性电极的基本结构一般包括电极膜、电极管、内参比溶液和内参比电极等四个部分。由于内参比电极和内参比溶液中有关离子的浓度是恒定的,所以离子选择性电极的电位仅随待测离子浓度的变化而变化。

利用离子选择性电极测定待测离子的浓度时,一般是以离子选择性电极为指示电极,饱和甘汞电极为参比电极,与待测溶液组成原电池,用酸度计测定电池电动势,然后计算待测组分的浓度。常用的方法有两次测定法、标准曲线法和标准加入法。目前,在医学检验中,可用离子选择性电极测定血液与其他体液中的氨基酸、葡萄糖、尿素、尿酸及胆固醇等有机物和细胞内外溶液中的 K^+、Na^+、Cl^- 等离子的浓度。

知识拓展

电位滴定法的应用

普通滴定法是依靠指示剂颜色变化来指示滴定终点,电位滴定法是依据电极电位的突跃来确定滴定终点。一般在滴定某些有色或浑浊溶液时,借助指示剂通常难以判断滴定终点,或无合适的指示剂,用电位滴定法测定,可以避免干扰、准确确定滴定终点。

使用不同的指示电极,电位滴定法可用于酸碱滴定、氧化还原滴定、配位滴定和沉淀滴定等,根据滴定终点消耗滴定剂的量来计算被测成分的含量。

本章小结

本章学习重点是电位分析法中的常用电极,以及直接电位分析法的应用。学习难点是电位分析法的基本原理,溶液 pH 的测定原理和方法,以及 pH 计的使用方法。在学习过程中掌握指示电极、参比电极的概念及应用,溶液 pH 的测定原理和方法,明确电位分析法的概念和分类以及复合 pH 电极的应用,学会正确使用 pH 计测量溶液的 pH,注重电位分析法在工作、生活中的应用,采用多种途径学习巩固理论知识、提高实际应用的能力。

（王红波）

 思考与练习

一、名词解释

1. 参比电极

2. 直接电位法

二、填空题

1. 电位分析法根据其原理的不同通常分为 ＿＿＿＿＿＿ 与 ＿＿＿＿＿＿＿。

2. 直接电位法中,化学电池的两个电极分别称为 ＿＿＿＿＿＿ 和 ＿＿＿＿＿＿＿。

3. pH 计测定溶液 pH 的方法是 ＿＿＿＿＿＿＿。

4. 常见的参比电极有 ＿＿＿＿＿＿＿ 和 ＿＿＿＿＿＿＿。

三、简答题

1. 什么是电位分析法?

2. 简述使用复合 pH 电极的注意事项。

第九章 | 紫外－可见分光光度法

09章 数字资源

 导入案例

血红蛋白减少见于临床上各种原因的贫血。通过血红蛋白的测定可诊断贫血,明确贫血程度。血红蛋白的测定多用氰化高铁血红蛋白(HiCN)测定法。其基本原理是:血液中除硫化血红蛋白(SHb)外的各种 Hb 均可被高铁氰化钾氧化为高铁血红蛋白,再和 CN^- 结合生成稳定的棕红色复合物－氰化高铁蛋白,其在 540nm 处有一吸收峰,用分光光度计测定该处的吸光度,经换算即可得到每升血液中的血红蛋白浓度,或通过制备的标准曲线查得血红蛋白浓度。

问题与思考:

1. 什么是分光光度法? 什么是标准曲线?
2. 分光光度法的定量依据是什么? 定量方法有哪些?

第一节　概　述

一、分光光度法的概念

根据物质发射或吸收的电磁辐射或物质与电磁辐射的相互作用而建立起来的定性、定量和结构分析方法,统称为光学分析法。分光光度法是其中的一种,它是通过测定被测物质在特定波长或一定波长范围内光的吸光度或发光强度,对该物质进行定性和定量分析的方法。

二、紫外－可见分光光度法的特点

在紫外光区(200~400nm)和可见光区(400~760nm),根据待测定物质对不同波长电磁辐射的吸收程度不同而建立起来的分析方法,称为紫外－可见分光光度法,其所用的仪器称为紫外－可见分光光度计。它是临床医学检验、卫生检验、药物分析、环境分析、科学研究和工农业生产等领域应用最广泛的方法之一。

紫外－可见分光光度法具有以下特点:

1. 灵敏度高　可直接测定低至 10^{-6}mol/L,适用于测定微量组分。
2. 准确度较高　相对误差在 1%~3%。
3. 操作简便、快速　采用选择性高的显色剂和适当的比色条件,可以不经分离干扰物即可直接测定。
4. 应用广泛　可直接或间接地测定绝大多数无机离子和多种有机化合物。

第二节　基　本　知　识

一、光的本质和颜色

光是一种电磁波,具有波动性和粒子性,即光的波粒二象性。光的粒子性是把光作为具有一定能量的光子(或光量子)来描述,光的波动性常用波长或频率来描述。按波长顺序排列的电磁波称为电磁波谱。人眼能感觉到的光称为可见光,如日光、白炽灯光及各种颜色的光等,其波长范围在 400~760nm,它们只是电磁波谱中的一个很小的波段。人眼觉察不到的还有红外线、紫外线、X 射线等。

单一波长的光称为单色光。由不同波长的光混合而成的光称为复合光。如日光、白炽灯光等都是复合光。如果让一束白光通过棱镜,便可分解为红、橙、黄、绿、青、蓝、紫七种颜色的光,这种现象称为光的色散。每种颜色的光都具有一定的波长范围,但各种色光之间没有严格的界限,而是由一种颜色逐渐过渡为另一种颜色(表 9-1)。

表 9-1 各种色光的近似波长范围

光的颜色	波长范围 /nm	光的颜色	波长范围 /nm
红色	760~650	青色	500~480
橙色	650~610	蓝色	480~450
黄色	610~560	紫色	450~400
绿色	560~500		

两种适当颜色的单色光按一定强度比例混合可成为白光,这两种单色光称为互补色光。直线相连的两种色光彼此混合可成白光,它们为互补色光,如紫光与绿光互补,蓝光和黄光互补(图 9-1)。

溶液的颜色是由于物质选择性地吸收了可见光中某一波长的光而产生的。当一束白光通过某溶液时,如果溶液对各波长的光完全吸收,则溶液显黑色;如果溶液对各波长的光都不吸收,则溶液无色透明。如果溶液选择性地吸收了白光中的某一色光,则溶液呈现透过光的颜色,即溶液呈现的颜色是它所吸收光的互补光的颜色。例如,高锰酸钾溶液因吸收了白光中的绿光而呈现紫色;硫酸铜溶液因吸收了白光中的黄色光而呈现蓝色。

图 9-1 光的互补色示意图

二、光的吸收定律

(一)透光率与吸光度

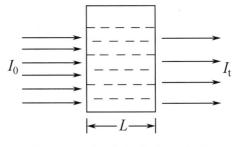

图 9-2 光通过溶液示意图

当一束平行的单色光(I_0)照射到均匀无散射的溶液时,一部分光被吸收(I_a),一部分光透过溶液(I_t),如图 9-2 所示。

$$I_0 = I_a + I_t \qquad (9-1)$$

当入射光的强度 I_0 一定时,溶液吸收光的强度 I_a 越大,则溶液透过光的强度 I_t 越小,说明溶液对光的吸收程度越大。

透过光强度（I_t）与入射光强度（I_0）之比称为透光率或透光度，用 T 表示，即：

$$T = \frac{I_t}{I_0} \times 100\% \qquad\qquad (9-2)$$

透光率越大，表示溶液对光的吸收越少；反之，透光率越小，表示溶液对光的吸收越多。

透光率的负对数称为吸光度，用 A 表示，则：

$$A = \lg\frac{1}{T} = -\lg T \qquad\qquad (9-3)$$

A 越大，表示溶液对光的吸收越多。

（二）朗伯－比尔定律

实践证明，当入射光的波长一定时，溶液对光的吸收程度，与该溶液的浓度及液层厚度有关。其定量关系称为朗伯－比尔定律，即：

当一束平行的单色光通过均匀、无散射的稀溶液时，在单色光的波长、强度、溶液温度等条件不变的情况下，该溶液的吸光度（A）与溶液的浓度（c）及液层厚度（L）的乘积成正比，其数学表达式为：

$$A = KcL \qquad\qquad (9-4)$$

在一定条件下，K 为常数。

朗伯－比尔定律表明了物质对光的吸收程度与其浓度和液层厚度之间的定量关系，是分光光度法定量分析的基础。它不仅适用于有色溶液，也适用无色溶液及气体和固体的非散射均匀体系；不仅适用于可见光区的单色光，也适用于紫外光区和红外光区的单色光。

（三）吸光系数

朗伯－比尔定律中的 K 称为吸光系数。溶液浓度的单位不同，它的意义和表达式也不同。常用下列两种方法来表示：

1. 摩尔吸光系数　摩尔吸光系数指入射光波长一定时，溶液浓度为 1mol/L，液层厚度为 1cm 时的吸光度，用 ε 表示，单位为 L/（mol·cm）。

2. 百分吸光系数　百分吸光系数指入射光波长一定时，溶液浓度为 1%（g/100mL），液层厚度为 1cm 时的吸光度，用 $E_{1cm}^{1\%}$ 表示，单位为 100mL/（g·cm）。

吸光系数是物质的特性常数之一，是物质对一特定波长光的吸收能力的体现，吸光系数越大，表明吸光能力越强，灵敏度越高。不同物质对同一波长的光有不同的吸光系数，同一物质对不同波长的光也有不同的吸光系数。因此，吸光系数是分光光度法进行定量和定性分析的依据。

三、吸收光谱曲线

在溶液浓度和液层厚度一定的条件下,用不同波长的光按波长顺序分别测定溶液的吸光度,以波长(λ)为横坐标,吸光度(A)为纵坐标,所描绘的曲线称为吸收光谱曲线,简称吸收曲线。图9-3为不同浓度的$KMnO_4$溶液的吸收曲线。

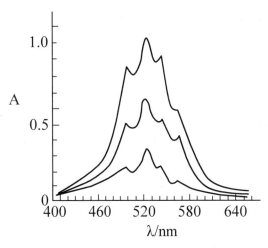

图9-3 高锰酸钾溶液的吸收曲线

从图9-3可见,$KMnO_4$溶液对波长为525nm附近的绿色光吸收最强。吸收程度最大处的波长称为最大吸收波长,用λ_{max}表示。$KMnO_4$溶液的$\lambda_{max}=525nm$。不同浓度的$KMnO_4$溶液的吸收光谱形状相似,λ_{max}相同。对于不同物质,由于组成和结构不同,其吸收光谱的形状和λ_{max}也不相同,这些特征可作为物质定性分析的依据。对于同一种物质,在一定波长下的吸光度随溶液的浓度增加而增大,这一特性可作为物质定量分析的依据。在定量分析中,一般选择在最大吸收波长(λ_{max})处测定吸光度。

第三节　紫外-可见分光光度计

在200~800nm波长范围内,能够任意选择不同波长的单色光用来测定溶液的吸光度(或透过率)的仪器,称为紫外-可见分光光度计。这类仪器主要由光源、单色器、吸收池、检测器及显示器五部分组成。

一、光　　源

光源是提供一定强度、稳定且具有连续光谱的装置,不同光源可以提供不同波长范围的光波。紫外-可见分光光度计中安装有两种光源氢灯(或氘灯)和钨灯(或卤钨灯)。紫外光区通常采用氢灯或氘灯,适用波长范围是200~360nm;可见光区采用钨灯或卤钨灯,适用波长范围是350~800nm。

二、单　色　器

单色器作用是将来自光源的复合光色散成按一定波长顺序排列的连续光谱,从中分离出一定宽度的谱带。由狭缝、准直镜、色散原件(棱镜和光栅)、聚焦透镜组成。其中色散原件是关键部件,常用的色散原件有棱镜和光栅。

棱镜由玻璃或石英组成,由于玻璃能吸收紫外光,所以,可见光用玻璃棱镜,紫外光用石英棱镜。光栅上刻有较细的平行条纹。光栅具有较大的色散率和集光本领,在中高档仪器中普遍采用。

三、吸 收 池

用来盛放溶液的容器称为吸收池,也叫比色皿或比色杯。按材质不同,分为玻璃吸收池和石英吸收池。在可见光区测定时,可选用玻璃吸收池或石英吸收池;在紫外光区测定时,必须使用石英吸收池。吸收池上的指纹、油污或池壁上的污物都会影响其透光性,因此使用前后必须彻底清洗。

四、检 测 器

检测器是将通过吸收池的光信号转换为电信号的电子元件,常用的是光电管和光电倍增管。光电倍增管是目前应用最广泛的检测器,性能较好。

五、显 示 器

显示器的作用是把放大的讯号以适当的方式显示或记录下来。一般配有计算机,进行数据显示和处理,根据选择的模式可直接显示透光率(T)、吸光度(A)或浓度(c)等。

第四节　定量分析方法

分光光度法不仅能够对在紫外－可见光区有吸收的无机和有机化合物进行定量分析,而且还能够使紫外－可见光区的非吸收物质与某些试剂发生"显色反应"生成有强烈吸收的产物,实现对"非吸收物质"的定量测定。紫外－可见分光光度法进行定量分析的理论依据是光的吸收定律,即 $A=KcL$。换言之,在一定条件下,待测溶液的吸光度与其浓度成正比。其常用的定量方法有:

一、标准曲线法

标准曲线法是分光光度法中最经典的定量方法。测定时,先配制一系列浓度不同的标准溶液,以不含被测组分的空白溶液作为参比溶液,在相同条件下测定各标准溶液的吸光度,以标准溶液浓度 c 为横坐标,吸光度 A 为纵坐标,绘制 A-c 曲线图,如果符合朗伯－比尔定律,则曲线应该是一条过原点的直线,称为标准曲线(或工作曲线),如图 9-4 所示。在相同条件下测出样品溶液的吸光度,在标准曲线上可查出其样品溶液相应的浓度。

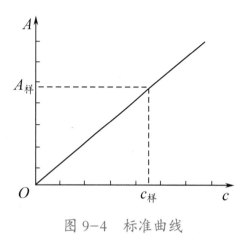

图 9-4　标准曲线

二、标准对照法

标准对照法又称为比较法。在测定未知样品浓度的同时,与已知浓度的标准物作比较,分别测定其吸光度后,按下式计算含量即可:

$$含量\% = \frac{A_{样} \times c_{标} \times 稀释倍数}{A_{标} \times \dfrac{M_{样}}{V}} \times 100\%$$

式中,$A_{样}$ 为样品溶液的吸光度;$A_{标}$ 为标准物溶液的吸光度;$c_{标}$ 为标准物溶液的浓度;$M_{样}$ 为供试品的称样量;V 为供试品溶液的体积。

标准对照法可以在一定程度上消除测定条件对结果的影响,测定时,供试品溶液和标准物溶液的浓度及测定条件一致。

知识拓展

紫外－可见分光光度法在定性分析中的应用

紫外－可见分光光度法可以对物质进行初步的定性鉴别。其方法为:在相同的测量条件下,分别测定未知物与标准物对不同波长的吸光度,绘制吸收光谱,比较二者是否一致。也可以将未知物的吸收光谱与标准吸收光谱直接比较。如果两个吸收光谱的形状,包括吸收光谱上吸收峰的数目、最大吸收波长(λ_{max})、摩尔吸光系数(ε_{max})等完全一致,则初步判断未知物与标准物可能是同一化合物。

第五节 测量误差与分析条件的选择

一、误差的来源

紫外–可见分光光度法的误差主要来自以下三个方面：

（一）偏离朗伯–比尔定律引起的误差

根据朗伯–比尔定律，当单色光波长和吸收池厚度一定时，以吸光度对浓度作图，应得到一条通过原点的直线。但在实际工作中，很多因素可能导致标准曲线发生弯曲，即偏离朗伯–比尔定律，产生这种现象的原因有：

1. 溶液中吸光物质不稳定　在测定过程中，被测物质逐渐发生离解、缔合，使被测物质的组成改变，因而产生误差。

2. 单色光不纯　朗伯–比尔定律只适用于较纯的单色光，而纯粹的单色光是很难得到的。实际工作中，由于制作技术的限制，同时为了保证足够的光强度，分光光度计的狭缝必须保证一定的宽度，因此，通过单色器及狭缝获得的实际上是一段狭小光带作为单色光光源，被测物质对光带中各波长光的吸光度不同，引起溶液对朗伯–比尔定律的偏离，使标准曲线发生弯曲，产生误差。

（二）仪器和测量误差

由于仪器不够精密，如读数盘标尺刻度不够准确、吸收池的厚度不完全相同及池壁厚薄不均匀等；光源不稳定、光电管灵敏性差、光电流测量不准等因素，都会引入误差。

（三）操作过程引入的误差

处理样品溶液和标准溶液时没有按完全相同的条件和步骤进行，如溶液的稀释、显色剂的用量、反应温度、放置时间等都可能引入误差。

二、分析条件的选择

为了提高分析方法的灵敏度和准确度，通常需要选择最佳的测量条件。

（一）仪器条件的选择

1. 波长的选择　一般是根据待测组分的吸收光谱，选择 λ_{max} 作为测量波长，因为在 λ_{max} 处，待测组分所产生的吸光度最大，灵敏度最高；但这只有在待测组分的最大吸收波长 λ_{max} 处没有其他吸收的情况下才适用。否则，应不宜选择 λ_{max} 作为测量波长。此时应根据"吸收大、干扰小"的原则选择测量波长。

2. 选择适当的吸光度读数范围　读数范围应控制在吸光度为 0.2~0.7、透光率为 20%~65% 时误差较小。可以通过控制试样的取样量来实现。对于组分含量高的试样，应减少取样量或稀释试液;对于组分含量低的试样,则可增加取样量或用富集方法提高被测组分的浓度。如果试液已经显色,则可通过改变吸收池厚度的方法来改变吸光度值。

(二)显色反应条件的选择

测定在紫外－可见光区没有吸收的物质时,常常需要加入适当的试剂,将其转变为在紫外－可见光区有较强吸收的物质。能与待测组分发生化学反应、生成在紫外－可见光区有较强吸收物质的化学试剂,称为显色剂。显色剂与待测组分发生的化学反应称为显色反应。进行显色反应时,除选择合适的显色剂外,还需控制适宜的显色反应条件,以得到适于测定的化合物。

1. 显色剂的用量　为使显色反应尽量完全,一般加入过量的显色剂。常通过实验结果来确定显色剂的用量。

2. 溶液的酸度　许多有色物质的颜色随溶液的酸度改变而改变,大多显色反应对溶液的酸度有一定的要求。

3. 显色温度　大多显色反应在常温下进行,有些显色反应需要加热才能完成。升温可加快反应速度,但也可产生副反应,所以,应根据具体的反应选择适当的温度。

4. 显色时间　有些显色反应需要经过一段时间后才能达到平衡,溶液对特定波长的光的吸收才能稳定。有些化合物放置一段时间后,因空气的氧化、光的照射、试剂的挥发或分解等,溶液的吸光性才能达到稳定。一般通过实验来确定所需的最佳时间。

5. 共存离子的干扰及消除　常通过控制显色反应的酸度,或加入掩蔽剂,或预先通过离子交换等方法来掩蔽或分离共存离子。

(三)参比溶液的选择

参比溶液又称为空白溶液。理想的空白溶液应当是与配制样品溶液条件相同而不含样品的溶液。

此外,样品溶液的浓度必须控制在标准曲线的线性范围内。

 知识拓展

紫外－可见分光光度法在医学检验中的应用

自动生化分析仪是临床生物化学检验实验室常用的重要仪器之一。该仪器对血糖、血清蛋白质、血清总胆固醇的含量测定和血清谷丙转氨酶活性的测定等,都是通过测定样品溶液的吸光度而完成的。

酶标仪(酶联免疫检测仪)是酶联免疫吸附试验的专用仪器,其主要结构、工作原理与紫外－可见分光光度计基本相同,广泛用于临床免疫学检验和食品安全药物残留的快速检测。

在卫生分析中,对食品、饮水和空气等样品中有毒有害物质的常规检验与检测,更是直接利用紫外－可见分光光度法的基本原理、实验技术和仪器设备。

本章学习重点是光的吸收定律、用标准曲线法和标准对照法测定物质的含量。学习难点是吸收曲线和标准曲线的区别、标准曲线法和标准对照法的应用。在学习过程中掌握光的吸收定律,明确紫外－可见分光光度计的基本结构,注意比较标准曲线法和标准对照法的特点,注重紫外－可见分光光度法在医学检验、卫生检验、药物分析、环境分析、科学研究和工农业生产等领域中的应用,采用多种教学方法内化知识,提高素养。

（李　勤）

 思考与练习

一、填空题

1. 分光光度计主要由_____、_____、_____、_____、_____五大部分组成。
2. 分光光度法定量分析中的标准曲线法的横坐标代表_____,纵坐标代表_____。

二、简答题

1. 不同浓度 $KMnO_4$ 溶液的最大吸收波长是否相同？为什么？
2. 为什么最好在 λ_{max} 处测定化合物含量？

三、计算题

将 0.1mg Fe^{3+} 离子在酸性溶液中用 KSCN 显色后稀释至 500mL,盛于 1cm 的吸收池中,在波长为 480nm 处测得吸光度为 0.240,计算摩尔吸光系数。

第十章 | 色谱法

10章 数字资源

1. 掌握柱色谱法、纸色谱法和薄层色谱法的操作方法。
2. 熟悉色谱法的基本原理。
3. 了解色谱法的分类。
4. 学会运用纸色谱法对样品进行分离鉴别。
5. 具有严谨细致的科学态度、精益求精的职业精神。

 导入案例

　　1903年,俄国植物学家茨维特在研究植物叶子中的色素组成时,将碳酸钙粉末放在竖立的玻璃管中,从顶端注入植物色素的石油醚提取液,并不断添加石油醚自上而下冲洗。经过一段时间后,各种植物色素被分离开来并逐渐分散成数条不同颜色的色带。这种分离方法被茨维特命名为色谱法。

　　问题与思考:

　　1. 什么是色谱法?

　　2. 举例说明色谱法有哪些应用。

　　色谱分析法简称色谱法,是一种物理或物理化学分离分析方法。它先将样品中各组分分离,然后逐个进行分析,是分析复杂样品的有效手段。色谱法具有分离效能高、选择性好、灵敏度高、分析速度快及应用范围广等优点,被广泛应用于医学检验、卫生监测、食品及药品检验等领域。

第一节 概　述

一、色谱法的基本原理

在色谱操作中有两相,其中一相固定不动,即固定相;另一相是携带样品向前移动的流动体,即流动相。

色谱法的分离原理主要是利用样品中各组分在流动相与固定相之间的分配系数差异实现分离。

分配系数 K 是指在一定温度和压力下,某组分在流动相与固定相两相间的分配达到平衡状态时的浓度之比。即:

$$K = \frac{\text{组分在固定相中的浓度 } c_s}{\text{组分在流动相中的浓度 } c_m}$$

色谱过程是组分的分子在流动相和固定相间多次"分配"的过程,分配系数大的组分迁移速度慢,分配系数小的组分迁移速度快,从而实现分离。

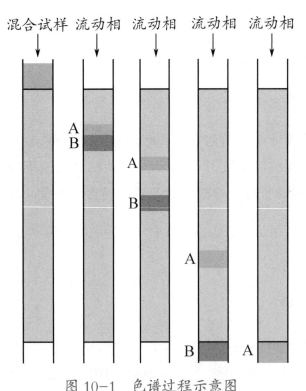

图 10-1　色谱过程示意图

图 10-1 表示吸附柱色谱法的色谱过程:将含有 A、B 两组分的样品加到色谱柱的顶端,A、B 均被吸附到固定相上。用适当的流动相洗脱,当流动相流过时,已被吸附在固定相上的两种组分又因溶解于流动相中而被解吸附,并随着流动相前移,已解吸附的组分遇到新的固定相,又再次被吸附。若两组分的理化性质有微小的差异,则它们在固定相表面的吸附能力和在流动相的溶解度也有微小的差异。经过反复多次的吸附－解吸附的过程,使组分的微小差异积累起来,结果是吸附能力较弱的组分 B 先流出色谱柱,吸附能力较强的组分 A 后流出色谱柱,从而使组分 A 和 B 得到分离。

二、色谱法的分类

（一）按两相物理状态分类

1. 液相色谱法　液相色谱法的流动相是液体。当固定相是固体时,称为液－固色谱;固定相是液体时,称为液－液色谱。

2. 气相色谱法　气相色谱法的流动相是气体。当固定相是固体时,称为气－固色谱;固定相是液体时,称为气－液色谱。

（二）按分离原理分类

1. 吸附色谱法　利用不同组分对固定相表面吸附中心吸附能力的差别实现分离目的的方法。

2. 分配色谱法　利用不同组分在固定相和流动相中的溶解度的差别实现分离目的的方法。

3. 离子交换色谱法　利用不同组分离子交换能力的差别实现分离目的的方法。

4. 分子排阻色谱法　分子排阻色谱法又称为空间排阻色谱法,是利用不同组分的分子大小不同受到固定相的阻滞差别而实现分离目的的方法。

（三）按操作形式分类

1. 柱色谱法（CC）　将固定相装在色谱柱内,流动相携带样品自上而下移动使不同组分分离的方法。

2. 薄层色谱法（TLC）　将固定相均匀地涂布于玻璃板上形成厚薄均匀的薄层,点样后用流动相展开使不同组分分离的方法。

3. 纸色谱法（PC）　以色谱滤纸为载体,滤纸纤维上吸附的水为固定相,点样后用流动相展开使不同组分分离的方法。

 知识拓展

气相色谱法

气相色谱法（GC）是以气体为流动相的色谱方法,主要用于分离分析易挥发的物质。相对分子质量在 400 以下、对热稳定、沸点在 500℃以下的物质均可直接采用气相色谱法分析。气相色谱法具有分离效能高、选择性好、灵敏度高、操作简单、分析速度快及应用范围广等优点,广泛地应用于医药卫生、石油化工和环境监测等领域。气相色谱仪一般由气路系统、进样系统、分离系统、检测系统和记录系统五个部分组成。可以根据色谱峰的保留值定性,根据峰高或峰面积定量,根据峰宽评价色谱峰的分离效能。

第二节　经典液相色谱法

一、柱　色　谱　法

柱色谱法是将固定相装在色谱柱内,流动相携带样品自上而下移动使不同组分分离的方法。按分离机制,柱色谱法可分为液-固吸附柱色谱法、液-液分配柱色谱法、离子交换柱色谱法和分子排阻柱色谱法。本节介绍液-固吸附柱色谱法。

（一）固定相

吸附剂是一些多孔性微粒物质,常用的吸附剂有硅胶、氧化铝、聚酰胺和大孔吸附树脂等。

1. 硅胶　硅胶具有硅氧交联结构,骨架表面有许多硅醇基的多孔性微粒。硅醇基是硅胶的吸附活性中心。硅胶的含水量大于17%时,会失去吸附能力,此过程称为失活。将硅胶于105~110℃加热,能可逆除去硅胶表面吸附的水分子,使硅胶的吸附能力增强,此过程称为活化。加热温度不宜过高,如果超过500℃,硅胶会不可逆性地失去水分子,由硅醇结构变为硅氧烷结构,吸附能力下降。

2. 氧化铝　氧化铝由氢氧化铝在400~500℃灼烧而成,吸附能力比硅胶略强,分为酸性氧化铝、中性氧化铝和碱性氧化铝。一般酸性氧化铝适用于分离酸性化合物;中性氧化铝适用于分离酸性及对碱不稳定的化合物;碱性氧化铝适用于分离中性或碱性化合物。其中,中性氧化铝最为常用。

吸附剂的吸附能力常用活性级数表示,通常将吸附活性的强弱区分为 I ~ V级。硅胶和氧化铝的活性与其含水量有关,吸附剂的含水量越大,活性级数越大,但活性越低,吸附能力越弱,详见表10-1。

表10-1　硅胶和氧化铝的活性与含水量的关系

活性级数	活性	硅胶含水量 %	氧化铝含水量 %
I	高	0	0
II		5	3
III		15	6
IV		25	10
V	低	38	15

3. 聚酰胺　聚酰胺是一类由酰胺聚合而成的高分子化合物,主要通过分子中的酰胺基与化合物形成氢键而使待测组分被吸附。

4. 大孔吸附树脂　大孔吸附树脂是一类具有大孔网状结构的高分子化合物,主要通过范德华引力或氢键吸附待测组分,选择性由多孔网状结构决定。

（二）流动相

液－固吸附柱色谱法的流动相（洗脱剂）为有机溶剂。流动相分子的极性越强,洗脱能力越强,组分在固定相滞留的时间越短;反之,流动相分子的极性越弱,洗脱能力越弱,组分在固定相滞留的时间越长。常用有机溶剂的极性由小到大的顺序为:石油醚＜环己烷＜四氯化碳＜苯＜甲苯＜乙醚＜三氯甲烷＜乙酸乙酯＜正丁醇＜丙酮＜乙醇＜甲醇＜水。

（三）色谱条件的选择

一般原则是分离极性较强的物质,选用吸附活性较低的吸附剂作固定相和极性较大的流动相;分离极性较弱的物质,选用吸附活性较高的吸附剂作固定相和极性较小的流动相。

（四）操作方法

液－固吸附柱色谱的操作可分为装柱、加样和洗脱3个步骤。

1. 装柱　将选取的吸附剂装入色谱柱内,分为干法装柱和湿法装柱,常用湿法装柱。

（1）干法装柱:将已过筛（80~120目）、活化后的吸附剂用漏斗缓缓地不间断地均匀加入色谱柱内,装完后轻轻敲打色谱柱,使吸附剂填充均匀,再沿管内壁缓缓加入洗脱剂。

（2）湿法装柱:先将吸附剂与洗脱剂调成糊状,再缓缓地不间断地加入色谱柱内,使吸附剂填实,放出多余的洗脱剂。

2. 加样　将样品添加到色谱柱顶端。先将试样溶于适宜的溶剂中制成溶液,再将样品溶液加到色谱柱的顶部。样品溶液应浓度高、量少。

3. 洗脱　用洗脱剂淋洗色谱柱,使样品各组分分离。洗脱时,应不间断地添加洗脱剂,保持一定高度的液面,控制洗脱剂的流速,流速过快会影响分离效果。

（五）应用

柱色谱法广泛应用于天然药物有效成分的分离、生化药物的提取、抗生素药物的生产及药物分析等领域。

二、纸色谱法

纸色谱法是以色谱滤纸为载体,滤纸纤维上吸附的水为固定相,点样后用流动相展开使不同组分分离的方法。

（一）分离原理

按分离原理,纸色谱法属于分配色谱法,分离过程是组分在固定相和流动相之间连续萃取的过程,依据组分在两相间的分配系数不同而达到分离的目的。

(二)比移值和相对比移值

1. 比移值(R_f) 比移值指原点到待测组分斑点中心的距离与原点到溶剂前沿的距离之比,即:

$$R_f = \frac{原点到待测组分斑点中心的距离}{原点到溶剂前沿的距离}$$

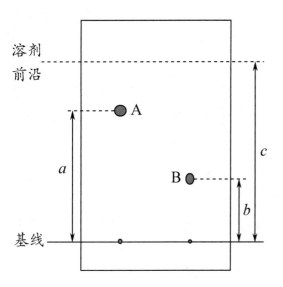

图 10-2 R_f 值测量示意图

如图 10-2 所示,A、B 两组分的比移值分别为:

$$R_{f(A)} = \frac{a}{c} \quad R_{f(B)} = \frac{b}{c}$$

R_f 值在 0~1 之间。R_f=0 时,表示组分停留在原点,不随展开剂展开;R_f=1 时,表示组分完全不被固定相吸附,随展开剂展开到溶剂前沿。一般控制 R_f 值在 0.2~0.8 为宜,以 0.3~0.5 为最佳范围,相邻两个组分的 R_f 值应相差 0.05 以上。

2. 相对比移值(R_s) 相对比移值指原点到待测组分斑点中心的距离与原点到对照品斑点中心的距离之比,即:

$$R_s = \frac{原点到待测组分斑点中心的距离}{原点到对照品斑点中心的距离}$$

R_s 值可以大于 1,也可以小于 1。R_s=1 时,说明待测组分与对照品是同一物质。R_s 值比 R_f 值具有更好的重现性和可比性,定性结果更可靠。

(三)流动相的选择

依据待测组分在两相中的溶解度和流动相(展开剂)的极性来选择流动相。在流动相中溶解度较大的组分,迁移速度较快,R_f 值较大;反之,在流动相中溶解度较小的组分,迁移速度较慢,R_f 值较小。对于极性物质,增加流动相中极性溶剂的比例,R_f 增大;增加流动相中非极性溶剂的比例,R_f 值减少。

纸色谱法的流动相常用一些含水的有机溶剂,如用水饱和的正丁醇、正戊醇、酚等。为了防止弱酸、弱碱的离解,可以加入少量的酸或碱,如甲酸、乙酸、吡啶等。

(四)操作方法

纸色谱法的操作可分为选择色谱滤纸、点样、展开、显色与检视、定性与定量分析五个步骤。

1. 选择色谱滤纸 色谱滤纸应符合以下基本要求:

（1）纸质纯净，无明显的荧光斑点，质地均匀。

（2）滤纸平整无折痕，有一定的机械强度。

（3）纸纤维松紧适宜，太疏松易使斑点扩散，太紧密易使展开速度过慢。

（4）对 R_f 值相差较小的组分宜选用慢速滤纸，对 R_f 值相差较大的组分宜选用快速滤纸。

（5）定性分析时宜选用薄型滤纸，定量分析或制备时宜选用厚型滤纸。

2. 点样　一般选用甲醇、乙醇等易挥发的有机溶剂，将样品配制成浓度为 0.01%~0.1% 的溶液。

（1）画基线：在距色谱滤纸一端 1.5~2.0cm 处，用铅笔轻轻画出基线。

（2）标记样品点：在基线上标记出点样位置，样品点间距离不小于 2.0cm 为宜，点样不能距边太近，以避免边缘效应而产生误差。

（3）点样：用管口平整的毛细管或点样器点样，注意不要损伤色谱滤纸表面。点样量适宜，通常为几微升。溶液宜分多次点样，每次点样后将样品点晾干或吹干后再点，样品点直径以 2~4mm 为宜。

3. 展开　展开是指在特定的色谱缸（展开缸）中，将已点样的色谱滤纸与展开剂接触，展开剂携带试样组分迁移的过程。展开缸应具有严密的盖子，底部应平整光滑。

（1）预饱和：在展开前，先将已点样的色谱滤纸置于盛有展开剂的展开缸内饱和 15~30min，以避免产生边缘效应。边缘效应是指同一组分在同一色谱滤纸上处于边缘斑点的 R_f 值比中间斑点的 R_f 值更大的现象。此时，色谱滤纸不能浸入展开剂中。待展开缸内体系达到饱和后，再迅速将色谱滤纸浸入展开剂中展开。

（2）展开：纸色谱法常采用上行展开的方式。将预饱和后的色谱滤纸浸入展开剂中，浸入深度为距基线 0.5cm 为宜，注意不能将样品点浸入展开剂中，密闭顶盖。待上行展开 8~15cm，将色谱滤纸取出，标记溶剂前沿，晾干。

4. 显色与检视　若待测组分为有色物质，展开后可在日光下直接检视其斑点；若待测组分为无色物质，需要在展开后采用荧光法或化学法进行检视。

（1）荧光法：能发荧光或有紫外吸收的物质，可在紫外灯（254nm 或 365nm）下观察有无荧光斑点或暗斑，并记录其颜色、位置及强弱。

（2）化学法：无色、无紫外吸收的物质可利用显色剂与待测组分发生反应，使斑点显色后检视。显色剂分为通用型和专属型显色剂。通用型显色剂对多种化合物均可显色，如碘、荧光黄溶液等。专属型显色剂只对某一类或某一个化合物显色，如茚三酮是氨基酸的专属显色剂。显色的方式常采用喷雾显色。

5. 定性与定量分析

（1）定性分析：在一定的色谱条件下，组分的 R_f 值或 R_s 值是定值，对斑点检视定位后，可利用 R_f 值或 R_s 值进行定性鉴别。

（2）定量分析：常用的定量方法有目视比较法和剪洗法。

1）目视比较法：将样品溶液与一系列已知浓度的对照品溶液点在同一薄层板上，经展开显色后，以目视法比较试样斑点的颜色深浅或面积大小，从而求得待测组分的近似含量，是一种半定量分析方法。

2）剪洗法：先将待测组分斑点剪下，用合适的溶剂浸泡、洗脱后，再用适当的方法测定其含量。

（五）应用

纸色谱法广泛应用于生化检验，如氨基酸、蛋白质、酶等的分离鉴别。

三、薄层色谱法

薄层色谱法（TLC）是将固定相均匀地涂布于玻璃板上形成厚薄均匀的薄层，点样后用流动相展开使不同组分分离的方法。按分离机制不同，薄层色谱法可分为吸附薄层色谱法、分配薄层色谱法、离子交换薄层色谱法和分子排阻薄层色谱法。本节介绍吸附薄层色谱法。

（一）分离原理

吸附薄层色谱法的分离机制与吸附柱色谱法的分离机制相似，均是以吸附剂作为固定相。吸附薄层色谱法是利用混合物中各组分物理化学性质的差别，展开过程中在固定相（吸附剂）和流动相（展开剂）中的分布不同，从而达到分离目的。分离过程见图 10-3。极性大的物质，易被固定相吸附，在薄层板上移动的距离小；反之，极性小的物质，难被固定相吸附，在薄层板上移动的距离大。

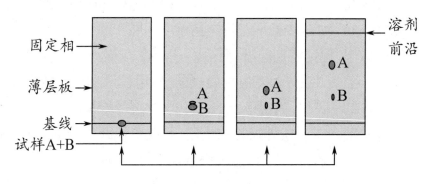

图 10-3　薄层色谱过程示意图

（二）固定相的选择

吸附薄层色谱法所用的吸附剂与吸附柱色谱法所用的吸附剂相似，但薄层色谱法所用的吸附剂的颗粒更细，如硅胶的粒径为 $5\sim40\mu m$，分离效率更高。

（三）流动相的选择

在吸附薄层色谱法中，流动相的选择原则与吸附柱色谱法中流动相的选择原则相似，遵循"相似相溶"原则。

（四）操作方法

薄层色谱法的操作可分为制板、点样、展开、显色与检视、定性与定量分析五个步骤。

薄层板分为软板和硬板。不加黏合剂的吸附剂制成的薄层板称为软板；加入了黏合剂的吸附剂制成的薄层板称为硬板。常用的黏合剂有羧甲基纤维素钠（CMC-Na）和煅石膏（$CaSO_4 \cdot 2H_2O$）等。硬板的机械强度比软板更好，应用更广泛。不加黏合剂的吸附剂用"H"表示，如硅胶 H；加入了煅石膏的吸附剂用"G"表示，如硅胶 G；加入了荧光指示剂的吸附剂用"F"表示，如硅胶 GF_{254}。硅胶 GF_{254} 板在紫外灯下，整个薄层板呈强烈黄绿色荧光背景，待测组分由于吸收了紫外光（254nm）而呈现暗斑。

1. 制板（以硬板为例）

（1）薄层板的选取：选取表面光滑、平整、干燥、洗净的玻璃板。

（2）薄层板的涂铺：薄层板的制备方法分干法和湿法两种，常用湿法。

将 1 份吸附剂和 3 份黏合剂的水溶液在研钵中向同一方向研磨成不含气泡的均匀糊状物。倒入涂布器中，在玻璃板上平稳地移动涂布器进行涂铺，厚度为 0.2~0.3mm。取下涂铺好的薄层板置水平台上在室温下自然晾干。

（3）薄层板的活化：一般在 105~110℃活化 0.5~1h，随即置干燥器中冷却至室温备用。商品薄层板临用前一般应活化，但聚酰胺薄膜不需要活化。

2. 点样　点样方法与纸色谱法相似，点样量通常为几微克或几十微克。

3. 展开　薄层色谱法常用上行展开和近水平展开两种展开方式，如图 10-4 和图 10-5 所示。上行展开是指将已点样的薄层板直立于盛有展开剂的展开缸中展开，是硬板最常用的展开方式。近水平展开是指将已点样的薄层板上端垫高，使薄层板与水平保持为 15°~30°，适用于软板。

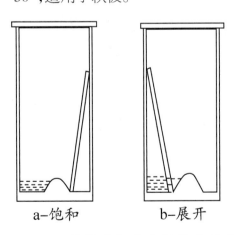

a-饱和　　　b-展开

图 10-4　双槽展开缸及上行展开示意图

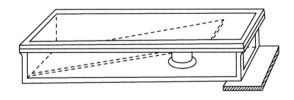

图 10-5　卧式展开缸及近水平展开示意图

4. 显色与检视　薄层色谱法的斑点显色与检视的方法与纸色谱法相似。

5. 定性与定量分析

（1）定性分析：薄层色谱法的定性分析方法与纸色谱法的定性分析方法相同，即利用 R_f 值或 R_s 值进行定性鉴别。

（2）定量分析：常用的定量方法有三种。

1）目视比较法：与纸色谱法的目视比较法相似。

2）斑点洗脱法：样品经薄层色谱法分离后，将待测组分斑点全部取下，并用合适的溶剂将待测组分定量洗脱，再选用适当的方法测定其含量。

3）薄层扫描法：用薄层扫描仪对待测组分斑点进行扫描，直接测定斑点的含量，是薄层色谱的主要定量方法。

（五）应用

薄层色谱法广泛应用于药品的纯度控制和杂质检查、中药的定性鉴定、天然药物有效成分的分离和测定。

 知识拓展

高效液相色谱法

高效液相色谱法是在经典液相色谱法的基础上，采用高效固定相、高压输送流动相的高压泵和高灵敏度检测器，发展而成的现代液相色谱分析方法，特别适合沸点高、极性强、热稳定性差、相对分子质量大的高分子化合物以及离子型化合物的分析。目前，高效液相色谱法广泛地应用于医药卫生、生物化学、高分子化学、石油化工和环境监测等领域。高效液相色谱仪一般由高压输液系统、进样系统、分离系统、检测系统和记录系统五个部分组成。

本章小结　　本章学习重点是柱色谱法、纸色谱法和薄层色谱法的操作方法。学习难点是色谱法的基本原理。在学习过程中掌握柱色谱法、纸色谱法和薄层色谱法的操作方法，明确色谱法的基本原理，注意比较各种不同类型色谱法的特点，注重纸色谱法在专业中的应用，采用多种学习方式巩固知识、提高能力。

（何应金）

 思考与练习

一、名词解释

1. 分配系数

2. 比移值

3. 边缘效应

二、填空题

1. 色谱法按操作形式分为_____、_____、_____三类。

2. 不加黏合剂的吸附剂制成的薄层板称为_____；加入了黏合剂的吸附剂制成的薄层板称为_____。

3. 在薄层色谱法中，一般控制 R_f 值在_____之间为宜，以_____之间为最佳范围，相邻两个组分的 R_f 值应相差_____。

三、计算题

在同一薄层板上分离组分 A 和 B，原点到组分 A 斑点中心的距离为 6.0cm，原点到组分 B 斑点中心的距离为 8.0cm，原点到溶剂前沿的距离为 10.0cm。分别计算组分 A 和 B 的 R_f 值。

实 验 指 导

概述　分析化学实验基本知识

　　分析化学是一门实践性很强的科学,分析化学实验是分析化学课程的重要组成部分。通过分析化学实验,有利于加深对分析化学基本理论和基础知识的理解,掌握分析化学实验基本操作技术,学会使用各种分析仪器,训练基本操作技能,正确处理分析数据,书写实验报告,提高发现问题、分析问题、解决问题的能力,培养实事求是的科学态度和严谨细致的工作作风。为了做好分析化学实验,必须熟悉分析化学实验基本知识,在实验过程中严格遵守实验室规则和实验室安全守则,了解化学试剂基本知识,并严格按照分析化学实验要求,保质保量地完成实验内容。

　　一、实验室规则

　　1. 实验前认真预习,明确实验项目、实验目的和原理,熟悉实验方法、内容、步骤及注意事项,了解实验用品,书写实验预习报告,做好充分准备。

　　2. 进入实验室,必须穿着工装,到指定工作台就位。应严格遵守实验室的各项规章制度,熟悉实验室环境和安全通道,检查用品是否齐全。不得将食品带入实验室。

　　3. 实验时应保持安静,严格遵守操作规程,按正确方法进行,集中精力,认真操作,仔细观察现象,积极思考问题,详细、如实做好实验记录。

　　4. 实验时试剂应按规定用量取用,自瓶中取用试剂后,应立即复位、盖上瓶塞,不能将剩余的试剂倒回原瓶中,公用试剂取用后应立即放回原处,注意节约试剂、水、电等。

　　5. 实验时注意保持实验室和实验台面清洁整齐,火柴梗、废纸等应投入垃圾箱,废液应倒入废液缸中,不得倒入水槽。实验室内的一切物品不得带离实验室。

　　6. 实验完毕,迅速将玻璃仪器洗涤干净,放回原处,整理好工作台面,清洁水槽和地面,检查电源插头或闸刀是否断开,水龙头是否关闭等。并及时书写、提交实验报告。

　　7. 实验过程中应养成良好的职业习惯,爱护实验仪器和设备;若发现仪器有故障应立即停止使用,及时报告教师处理,若有损坏应及时登记,履行相关手续,并按规定赔偿。

　　8. 实验结束后,值日生检查各工位整理完成情况,做好实验室整理、清洁工作,清点实验用品,检查实验室水电气、门窗是否关闭。

　　二、实验室安全守则

　　实验室安全是实验室管理工作的重要内容。化学试剂中,有很多是易燃、易爆、有腐蚀性或有毒有害的试剂,所以在进行分析化学实验前,必须充分了解相关实验项目中的注意事项和安全事项,熟悉安全知识;在实验过程中,要严格遵守各种化学试剂、仪器和水、电、煤气的使用规定和操作规程,避免安全事故的发生,确保实验安全正常进行。

1. 使用易燃、易爆的物质一定要远离火源,操作时严格遵守操作规程。

2. 使用或反应产物中有毒、有刺激性气味的物质时,要在通风橱内进行操作。

3. 试管加热时,试管口不能对着自己或他人,以避免液体溅出,受到伤害。加热液体时,不能俯视加热的液体。

4. 禁止随意混合各类化学试剂;剩余试剂及金属片应集中回收处理,严禁倒入水槽。

5. 禁止品尝试剂的味道,不得直接对着容器口嗅闻气体的味道,可用手扇闻。

6. 使用酒精灯时,应随用随点,不用时则盖上灯罩。严禁用点燃的酒精灯点燃别的酒精灯,以免酒精溢出而引发火灾。

7. 浓酸、浓碱具有强腐蚀性,使用时切勿溅在衣服或皮肤上,尤其是眼睛上。

8. 水、电、煤气使用完毕,应立即关闭水源、电闸、煤气开关。

9. 实验室内严禁饮食和吸烟。实验完毕后必须洗净双手,方能离开实验室。

三、化学试剂及有关知识

1. 纯化水　分析化学实验使用的纯化水,一般指蒸馏水或去离子水。药典中对纯化水的定义为饮用水经蒸馏法、离子交换法、反渗透法或其他适宜的方法制得的制药用水,不含任何添加剂。蒸馏水是通过蒸馏的方法,除去水中的非挥发性杂质而得到的纯水。一次蒸馏水可用来洗涤要求不十分严格的玻璃仪器和配制一般实验用的溶液。对于要求较高的实验,应将蒸馏水进行二次蒸馏,即为重蒸馏水。去离子水是利用离子交换树脂除去水中的阴、阳离子后所得到的纯水。未经过处理的去离子水可能含有微生物和有机物杂质,使用时应注意。

2. 化学试剂　化学试剂是指具有一定纯度标准的各种单质和化合物。化学试剂根据其纯净程度可划分为四个等级。不同等级的化学试剂适用于不同的分析工作,其纯度对分析结果准确度的影响很大。做分析化学实验时,应正确选用所需纯度的试剂。

在分析工作中,应根据分析任务、分析方法和对分析结果准确度的要求,合理选择相应级别的试剂,既要保证分析结果的准确度,又要避免不必要的浪费,其他如实验用水、操作器皿也要与之相适应。若试剂都选用 GR 级的,则不宜使用普通的蒸馏水或去离子水,而应使用经两次蒸馏制得的重蒸馏水,所用器皿的质地也要求较高,使用过程中不应有物质溶解到溶液中,以免影响测定的准确度。

四、分析化学实验要求

1. 认真预习,写出预习报告。实验前应认真预习,阅读教材,查阅资料,观看相关实验微视频和微课,明确实验目的要求,弄清实验原理,熟悉实验方法、实验内容、实验步骤和注意事项,了解实验用品。预测实验中可能出现的现象,并写出简明扼要、能够指导实验操作的预习报告,预习报告中应预留出记录实验现象、数据的空位或表格等。

2. 小组讨论,报告实验方案。在课前充分预习、准备的基础上,以实验小组为单位开展充分讨论,设计制订恰当的实验方案,并轮流向小组、及全班同学报告,教师在实验开始前随机抽查。

3. 规范操作,准确记录数据。根据实验方案,认真规范完成实验内容,仔细观察实验现象,在预习报告的预留位置上详细、准确、如实地记录实验中出现的现象、数据,记录应做到简明扼要、字迹整洁、实事求是,注明实验日期、时间和实验条件等内容。

4. 处理数据,报告实验结果。实验结束后立即对实验数据进行科学处理,并上交指导教师审阅,如实验结果不符合要求、或伪造数据的,应重做实验。

5. 及时总结,完成实验报告。根据实验记录、实验结果,及时完成实验报告。

实验报告注意格式规范,简明扼要,字迹工整,布局美观。一般包括以下内容:

（1）实验项目名称:包括学时、实验日期、小组成员等。

（2）实验目的:按照教材相关实验项目的要求书写。

（3）实验原理:参考教材相关内容,用文字或化学反应式简要说明。

（4）实验内容与步骤:参考教材相关内容,简要描述实验过程（用文字或箭头流程图表示）及注意事项。

（5）实验数据记录与处理:用文字、表格或图形将实验数据表示出来,运用有效数字的运算规则进行计算,绘制工作曲线应使用坐标纸,写出正确的分析结果,给出结论。

（6）讨论与反思:根据实际情况,分析、总结实验成败的原因,做出合理的解释,提出改进意见。

（白　斌）

实验一　电子天平的使用练习

一、实验目的

1. 掌握直接称量法和减重称量法的操作方法。

2. 熟悉电子天平的结构及主要部件的名称和作用。

3. 学会正确使用电子天平。

二、实验原理

电子天平是采用电磁力平衡原理进行称量的分析天平。称量时,天平内部线圈通电后产生向上的电磁力,当电磁力与称量物的重力平衡时,电流信号即转换为称量物的质量在显示屏上显示出来。

三、实验准备

1. 仪器　电子天平（分度值 0.000 1g）、称量瓶、干燥器、小烧杯、牛角匙。

2. 试剂　氯化钠、无水碳酸钠。

四、实验内容

（一）熟悉电子天平的结构

在教师的指导下,了解电子天平各部件的名称和作用。做好使用前的准备工作,具体参见第二章第三节有关电子天平部分内容。

（二）称量练习

1. 直接称量法　直接称量法用于称量一定质量的物质,适用于称量不易吸潮、在空气中能稳定存在的样品。

练习用直接称量法称取约 0.12g 氯化钠 3 份,要求质量在 0.110 0~0.120 0g。称量步骤如下:

（1）接通电源，天平初次接通电源或长时间断电后，需预热至少 30min 后才能使用。

（2）按"开机"键，当显示器显示为"0.000 0g"时，电子称量系统自检结束。

（3）打开天平侧门，将小烧杯置于天平盘上，关好天平侧门，去皮调零。

（4）用牛角匙将氯化钠慢慢抖入小烧杯中。重复上述操作，直至试剂质量符合指定要求。

（5）关好天平侧门，待显示器数字稳定后读数，记录原始数据。

2. 减重称量法　减重称量法是由两次称量之差求得被称物质的质量。适用于称量易吸潮、易氧化或易与二氧化碳反应的样品。减重称量法要求称量范围在 ±10% 以内，如称取 0.500 0g 无水碳酸钠，则允许质量的范围是 0.450 0~0.550 0g。

练习用减重称量法称取约 0.500 0g 无水碳酸钠 3 份，要求质量在 0.450 0~0.550 0g。称量步骤如下：

（1）从干燥器中取出盛有无水碳酸钠的称量瓶，置于天平盘上，关好天平侧门，待显示器数字稳定后读数，记录其准确质量 m_1。

（2）将称量瓶从天平盘上取出，在小烧杯的上方倾斜瓶身，用称量瓶盖轻敲瓶口上部，使无水碳酸钠粉末慢慢落入小烧杯中。当倾出的粉末接近所需量时，一边继续用瓶盖轻敲瓶口，一边逐渐将瓶身竖直，使黏附在瓶口上的粉末落回称量瓶。盖好瓶盖，将称量瓶置于天平盘上，关好天平侧门，待显示器数字稳定后读数，记录其准确质量 m_2。

（3）两次质量之差 m_1-m_2，即为抖出试样的质量。按上述方法连续递减，可称量多份试样。

五、实验结果

1. 直接称量法　将实验结果填写在实验表 1-1 内。

实验表 1-1　实验结果

编号	1	2	3
称量质量 /g			

2. 减重称量法　将实验结果填写在实验表 1-2 内。

实验表 1-2　实验结果

编号		1	2	3
称量质量 /g	m_1			
	m_2			
	m_1-m_2			

六、注意事项

1. 电子天平在使用过程中应保持天平室的清洁，勿使样品散落入天平室内。

2. 称量易挥发和具有腐蚀性的物品时，要盛放在密闭容器中，以免腐蚀和损坏电子天平。

3. 在开关电子天平门、放置和取出称量物时，动作必须轻缓，切不可用力过猛或过快，以免造成天平损坏。

4. 对于过热或过冷的称量物，应使其回到室温后方可称量。

5. 称量物的总质量不能超过天平的称量范围。

6. 称量物必须置于洁净干燥容器（如烧杯、表面皿、称量瓶等）中进行称量，以免沾染腐蚀天平。

7. 不能用手直接拿取称量瓶，使用时应用纸带夹住称量瓶和瓶盖。

七、思考题

1. 电子天平的称量方法有哪几种？

2. 减重称量法适用于称量什么样品？

3. 使用称量瓶时，如何操作才能保证试样不致损失？

（张　舟）

实验二　滴定分析仪器的洗涤和使用练习

一、实验目的

1. 掌握滴定分析仪器的使用方法。

2. 熟悉滴定分析仪器的洗涤方法。

3. 学会指示剂的使用和滴定终点的判断。

二、实验原理

滴定分析法是将滴定液滴加到待测物质溶液中，当反应达到化学计量点时，根据滴定液的浓度和消耗掉的体积，计算待测组分的分析方法。准确测量溶液的体积、正确记录数据等是获得良好分析结果的重要前提之一，因此，必须掌握移液管、容量瓶和滴定管等常用滴定分析仪器的洗涤和使用方法。

滴定分析仪器上常有尘土、可溶物、不溶物或油污等，使用前应洗涤干净，否则会影响分析结果。仪器洗涤干净的方法是洗涤完毕后将仪器倒转，内壁能被水均匀湿润而不挂水珠。

洗涤方法有自来水洗、洗涤剂洗和洗液洗。操作步骤是先用自来水冲洗，如洗不干净，用洗涤剂刷洗，如仍不能洗净，可以用铬酸洗液处理，再用自来水冲洗干净，最后用蒸馏水润洗 2~3 次。

三、实验准备

1. 仪器　酸式滴定管（25mL）、碱式滴定管（25mL）、锥形瓶（250mL）、移液管（25mL）、移液管（10mL）、容量瓶（100mL）、洗耳球、滴管、烧杯、玻璃棒。

2. 试剂　0.1mol/L HCl 溶液、0.1mol/L NaOH 溶液、0.1% 酚酞指示剂、0.1% 甲基橙指示剂、铬酸洗液、洗涤剂。

四、实验内容

（一）移液管的洗涤及准备

1. 移液管的洗涤及准备

（1）检查：使用前，应检查管尖是否完整，若有破损，则不能使用。

（2）洗涤：用自来水冲洗、蒸馏水润洗，必要时采用洗液浸洗。

（3）润洗：用右手拇指和中指捏住移液管刻度线以上部分，左手拿洗耳球，将移液管下口插入欲吸取的溶液中。先挤出洗耳球内的空气，然后将球的尖端插入移液管颈的管口中，慢慢放开左手指，使溶液吸入管内（实验图 2-1a）。先吸入容量的 1/3 左右。用右手的示指按住管口，取出，横置，转动管体壁使内壁被完全浸润，然后弃去，润洗 2~3 次即可。

2. 移液管的操作

（1）吸液：润洗后的移液管放入待吸液下 1cm 处，吸取溶液至刻度线以上时，移去洗耳球，立即用右手的示指按住管口，使管尖移出液面，管体始终保持垂直，稍减示指压力，使液面缓慢下降至弯月面下缘与标线相切（实验图 2-1b）。立即紧按管口，使液体不再流出。

（2）放液：移液管竖直，容器倾斜，移液管尖与容器内壁接触。松开右手示指，溶液自然流出（实验图 2-1c）。停 15s，待溶液全部流尽，再取出移液管。

残留在管嘴的少量溶液，不要吹出，因移液管校准时，这部分液体体积未计算在内。移液管使用完毕后应立即洗净，置于移液管架上备用。

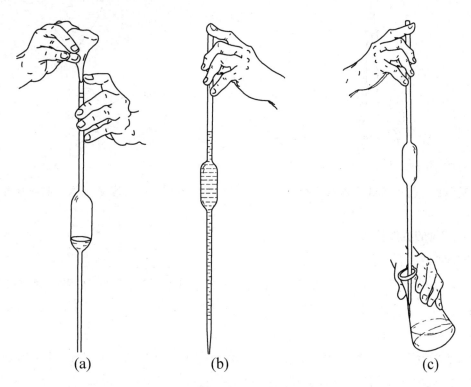

实验图 2-1　移液管转移溶液

（a）吸液；（b）调液面；（c）放液。

（二）容量瓶的洗涤及操作

1. 容量瓶的洗涤及准备

（1）检漏：使用前检查容量瓶是否漏水。检查方法是：在容量瓶内装满水，盖紧瓶塞，右手握住瓶底，左手按住瓶塞，把瓶倒立 1~2min，观察瓶塞周围是否有水渗出。如果不漏水，将瓶直立后，转动瓶塞 180° 再检查一次，仍不漏水，才可使用。

（2）洗涤：洗涤方法同吸量管。

2. 容量瓶的操作

（1）定量转移：配制溶液时，先将精密称取的基准物质置于小烧杯中，用少量的蒸馏水溶解后，将溶液沿玻璃棒移至容量瓶中，溶液全部流完后，将小烧杯嘴沿玻璃棒向上提起 1~2cm 并同时直立，使附着在玻璃棒与小烧杯嘴之间的溶液流回小烧杯中,然后小烧杯离开玻璃棒(实验图 2-2)。用少量蒸馏水润洗小烧杯和玻璃棒 3 次,将润洗液转入容量瓶即为定量转移。

(2)定容:定量转移后,加蒸馏水至接近标线时,改用胶头滴管滴加,直至溶液弯月面最低点与标线相切。

(3)摇匀:盖好瓶塞,一只手的手指握住瓶底,另一只手的示指压紧瓶塞,将容量瓶倒转摇动数次,再直立。如此反复约 20 次,使溶液充分混匀定容(实验图 2-3)。

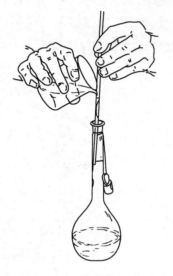

实验图 2-2　溶液转入容量瓶

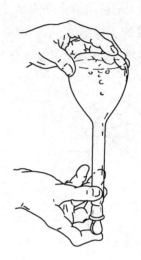

实验图 2-3　容量瓶摇匀溶液操作

(三)滴定管的洗涤及操作

1. 滴定管的洗涤及准备

(1)检漏:先将旋塞关闭,在滴定管内装入适量的水,擦干滴定管外部,夹在滴定管架上,放置 2~3min,观察管尖和旋塞缝隙处是否有水珠渗出;酸式滴定管应将活塞旋转 180° 后再观察一次,如果不漏水即可使用。

若酸式滴定管漏水或活塞转动不灵活,应将其平放在实验台上,解开橡皮筋,拔出旋塞,用滤纸将活塞及活塞套内壁的水分吸干,用手指在活塞两头沿圈周各涂一薄层凡士林(切勿将活塞小孔堵住)。然后将活塞插入活塞套内,沿同一方向旋转活塞数周直到活塞全部透明,套上橡皮筋,以防活塞脱落打碎。

碱式滴定管漏水检查:在其管内装入适量水,可将橡皮管中的玻璃珠稍加转动,或稍微向上推或向下移动,观察管尖是否有水珠滴出。若漏水须更换玻璃珠或橡皮管。

(2)洗涤:如果滴定管无明显油污,用自来水冲洗,或用滴定管刷蘸肥皂水或洗涤剂刷洗(不能用去污粉)。如不能洗净,则用铬酸洗液浸泡,然后用自来水反复冲洗,最后用少量蒸馏水润洗 2~3 次。

(3)装液:滴定管中残留的水分会影响标准溶液的浓度,在滴定管装液前,要用少量标准溶液润洗滴定管内壁 2~3 次,每次用量为滴定管体积的 1/5,冲洗时将滴定管倾斜,慢慢转动,使溶液润遍全管,然后打开活塞,使溶液从下端流出。装液时要直接从试剂瓶注入滴定管,不能经其他容器加入。

(4)排气泡调零点:滴定管装满溶液后,检查管下端是否有气泡。若酸式滴定管有气泡,打开活塞使溶液急速流出排出气泡,使溶液充满全部出口管;若是碱式滴定管有气泡,则把橡皮管向上弯曲,玻璃尖嘴斜向上方,用两指挤压玻璃珠,使溶液从尖嘴处喷出而排出气泡(实验图2-4)。然后将溶液液面的弯月面最低处与"0"刻度线相切,记下初读数为0.00mL。

实验图 2-4　碱式滴定管排气泡的方法

(5)读数:读数时滴定管应保持垂直,眼睛、刻度线与液面的弯月面最低处在同一水平面上(实验图2-5)。对于无色或浅色溶液,读取溶液的弯月面最低处与刻度相切点;对于深色溶液如$KMnO_4$、I_2溶液,可读取液面最上缘。初读数和终读数应取同一标准。读数时,应估读到小数点后第二位。

2. 滴定操作　使用酸式滴定管时,左手拇指在前,示指和中指在后,手指轻轻向里扣住,手心不要顶住活塞小头,转动活塞时,只要将拇指稍稍下按,示指和中指夹住活塞轻轻上提,就能控制活塞的角度(实验图2-6a)。使用碱式滴定管时,左手拇指和示指挤玻璃珠稍上侧部位的橡胶管,使弹性的橡胶管与玻璃珠形成一条缝隙,让溶液流出。注意不要捏玻璃珠下部的橡胶管,以免空气进入而形成气泡,影响读数(实验图2-6b)。

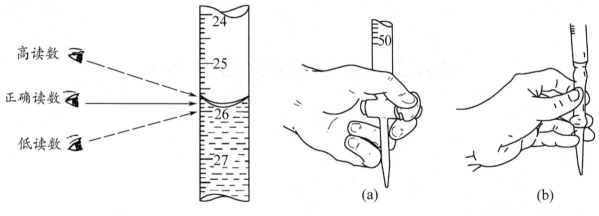

实验图 2-5　目光在不同
位置的滴定管读数

实验图 2-6　滴定管操作示意图
(a)酸式滴定管操作;(b)碱式滴定管的操作。

滴定时,滴定管下端应插入锥形瓶口少许(1cm左右),左手控制溶液的流速,右手前三个手指握住锥形瓶颈,向一个方向旋摇,边滴边摇,使瓶内溶液完全反应,注意不要使瓶内溶液溅出。开始滴定时,滴定速度以每秒4滴左右为宜。近终点时,滴定速度放慢,以防滴定过量。每加一滴即将溶液摇匀,观察颜色变化情况,再决定滴加溶液。仅需半滴时,使溶液悬挂在管尖而不滴下,将其与锥形瓶内壁接触,用少量蒸馏水冲洗液滴至溶液中,使之反应。如此重复,直到终点出现。读数并记录。

滴定操作练习:用0.100 0mol/L HCl标准溶液滴定20.00mL 0.1mol/L NaOH溶液,记录其体积。

五、实验结果

将实验结果填写在实验表2-1内。

滴定次数	1	2	3
HCl 标准溶液终读数 /mL			
HCl 标准溶液初读数 /mL			
消耗 HCl 标准溶液体积 /mL			

六、注意事项

1. 铬酸洗液洗涤玻璃仪器时因其腐蚀性很强,应避免与皮肤、衣物接触,如不慎溅到手上和实验台面上,应立即用水冲洗。铬酸洗液变绿后不能再用。

2. 滴定管、移液管和容量瓶是玻璃仪器,不能直接加热和烘干。

3. 每次滴定管初读数和末读数须由一人读取,避免两人的读数不同而引起误差的累积。

七、思考题

1. 玻璃仪器怎样才算洗干净?

2. 滴定管和移液管为何要用待装液润洗?

3. 滴定分析仪器的读数要注意什么?

(舒　雷)

实验三　酸碱标准溶液的配制与标定

一、实验目的

1. 掌握氢氧化钠、盐酸标准溶液的配制和标定方法及操作技术。

2. 熟悉电子天平,滴定管、容量瓶、移液管等容量仪器的使用。

3. 学会使用酚酞和甲基红指示剂确定滴定终点。

二、实验原理

1. NaOH 易吸收空气中的水分,还易吸收 CO_2 生成 Na_2CO_3,因此只能用间接法配制,为了排出 NaOH 溶液中的 Na_2CO_3,通常将 NaOH 配制成饱和溶液,贮于塑料瓶中,使 Na_2CO_3 沉于底部。配制标准溶液时,取一定量澄清的 NaOH 饱和溶液稀释成所需的配制浓度,标定准确浓度即可。标定 NaOH 标准溶液常采用基准物质标定法中的多次称量法或移液管法,常用邻苯二甲酸氢钾($KHC_8H_4O_4$, $M_{KHC_8H_4O_4}=204.22$)作为基准物质。其标定反应为:

$$KHC_8H_4O_4 + NaOH \rightleftharpoons KNaC_8H_4O_4 + H_2O$$

按下式计算 NaOH 的准确浓度。

$$c_{NaOH} = \frac{m_{KHC_8H_4O_4}}{V_{NaOH}M_{KHC_8H_4O_4}} \times 10^3$$

2. 浓盐酸具有挥发性,不符合基准物质的条件,因此只能采用间接法配制。标定盐酸常用的基准物质是无水 Na_2CO_3,用甲基红 – 溴甲酚绿混合指示剂指示终点。其标定反应为:

$$Na_2CO_3 + 2HCl \rightleftharpoons 2NaCl + CO_2\uparrow + H_2O$$

在化学计量点时,生成的产物 H_2CO_3 溶液易形成饱和溶液,使计量点附近酸度改变较小,导致指示剂颜色变化不够敏锐。因此在反应接近终点时,应将溶液煮沸,振摇锥形瓶释放部分 CO_2,冷却后再继续滴定至终点。

标定 HCl 标准溶液也可采用比较法,用已知准确浓度的 NaOH 标准溶液来标定。其标定反应为:

$$HCl + NaOH \Longleftrightarrow NaCl + H_2O$$

按下式计算 HCl 的准确浓度。

$$c_{HCl} = \frac{c_{NaOH} \times V_{NaOH}}{V_{HCl}}$$

三、实验准备

1. 仪器 托盘天平、电子天平、称量瓶、聚四氟乙烯滴定管(25mL)、移液管(10mL)、烧杯(100mL)、量筒(10mL、100mL、250mL)、锥形瓶(250mL)、试剂瓶(250mL)、聚乙烯塑料瓶(250mL)、玻璃棒、洗耳球等。

2. 试剂 NaOH(固体)、浓 HCl、邻苯二甲酸氢钾(基准物质)、酚酞、甲基红、蒸馏水等。

四、实验内容

1. 氢氧化钠标准溶液(0.1mol/L)的配制和标定

(1)氢氧化钠饱和溶液的配制:用托盘天平称取固体氢氧化钠 120g,放入盛有 20mL 蒸馏水的 100mL 烧杯内,边搅拌边加蒸馏水 80mL,使其溶解,待冷却后,转入聚乙烯塑料瓶中,贴好标签,静置数日,备用。

(2)氢氧化钠标准溶液(0.1mol/L)的配制:取澄清的饱和氢氧化钠溶液 1.4mL,置于 250mL 大量筒中,加入新煮沸放冷的蒸馏水,稀释至 250mL 定容,搅拌均匀后转移至 250mL 试剂瓶中,用橡皮塞密塞,贴上标签,备用。

(3)氢氧化钠标准溶液(0.1mol/L)的标定:用减重法精密称取在 105~110℃干燥至恒重的基准物质邻苯二甲酸氢钾约 0.45g,置于 250mL 锥形瓶中,加新煮沸放冷的蒸馏水 50mL,振摇,使其完全溶解。加酚酞指示剂 2 滴,摇匀,用待标定的 NaOH 标准溶液滴定至溶液由无色变为浅红色,且 30s 不褪色,即为终点。记录消耗 NaOH 溶液的体积。平行测定 3 次。计算 NaOH 标准溶液的浓度和相对平均偏差。

2. 盐酸标准溶液(0.1mol/L)的配制和标定

(1)盐酸标准溶液(0.1mol/L)的配制:取浓盐酸 2~3mL 置于 250mL 大量筒中,加蒸馏水稀释至 250mL 定容,搅拌均匀后转移至 250mL 试剂瓶中,贴上标签,备用。

(2)盐酸标准溶液(0.1mol/L)的标定:精密量取已标定的氢氧化钠标准溶液 20.00mL,置锥形瓶中,加甲基红指示剂 2 滴,用待标定的盐酸标准溶液滴定至溶液由黄色变为橙色,30s 不褪色即为终点。记录消耗盐酸标准溶液的体积。平行测定 3 次。计算盐酸标准溶液的浓度和相对平均偏差。

五、实验结果

1. 氢氧化钠标准溶液(0.1mol/L)的标定 将实验结果填写在实验表 3-1 内。

实验表 3-1　实验结果

实验数据与处理		实验次数		
		1	2	3
$KHC_8H_4O_4$ 的质量 m_B/g				
V_{NaOH}/mL	$V_终$			
	$V_初$			
	$V_{消耗}=V_终-V_初$			
NaOH 溶液的浓度 c_{NaOH}/(mol·L^{-1})	c_{NaOH}			
	$\bar{c}_{NaOH}$			
精密度	平均偏差 $\bar{d}$			
	相对平均偏差 $R\bar{d}$			

2. 盐酸标准溶液（0.1mol/L）的标定　将实验结果填写在实验表 3-2 内。

实验表 3-2　实验结果

实验数据与处理		实验次数		
		1	2	3
NaOH 标准溶液的体积 V_{NaOH}/mL		20.00	20.00	20.00
V_{HCl}/mL	$V_终$			
	$V_初$			
	$V_{消耗}=V_终-V_初$			
HCl 溶液的浓度 c_{HCl}/(mol·L^{-1})	c_{HCl}			
	$\bar{c}_{HCl}$			
精密度	平均偏差 $\bar{d}$			
	相对平均偏差 $R\bar{d}$			

六、注意事项

1. 氢氧化钠固体不能放置在称量纸上称量,应置于表面皿或干燥的小烧杯中称量。

2. 滴定前应仔细检查滴定管是否破损,活塞转动是否灵活、漏液。洗净的滴定管在装液前,需用待装液润洗 3 次。滴定前滴定管中应无气泡,若有气泡应排出,再调节初读数。初读数建议从整刻度开始,以减少因估计读数引入的误差,读数需要读至小数点后两位。

3. 邻苯二甲酸氢钾晶体溶解较慢,需要溶解完全后,才能滴定。

4. 滴定管的滴定速度先快后慢,近终点时需"半滴"操作,仔细观察终点颜色转变。

5. 滴定结束,应将滴定管及时清洗干净,打开活塞并倒置于滴定管夹上。

七、思考题

1. 氢氧化钠和盐酸标准溶液能否用直接法来配制？为什么？

2. 盛放基准物质邻苯二甲酸氢钾的锥形瓶是否需要预先烘干？

3. 标定盐酸或氢氧化钠标准溶液有哪些方法？

4. 若滴定管的活塞内部遗留有气泡，对实验结果有什么影响？

（白　斌）

实验四　食醋中总酸量的测定

一、实验目的

1. 掌握食醋中总酸量的测定方法和操作技术。

2. 学会选择适当的指示剂，并正确判断滴定终点。

3. 熟练使用滴定管、移液管和容量瓶等容量分析仪器。

二、实验原理

食醋的主要成分是乙酸（CH_3COOH，简写为 HAc，$K_a=1.76\times10^{-5}$，$M_{HAc}=60.05g/mol$），此外还含有少量的其他有机酸，如乳酸等。食醋中总酸量的测定常采用酸碱滴定法，因其 $c_a \cdot K_a \geq 10^{-8}$，故可用 0.1mol/L NaOH 标准溶液直接滴定，滴定反应式如下：

$$HAc + NaOH \rightleftharpoons NaAc + H_2O$$

计量点时，溶液 pH ≈ 8.7，可采用酚酞指示剂指示终点。食醋中的总酸量计算公式如下：

$$\rho_{HAc} = \frac{c_{NaOH}V_{NaOH}M_{HAc}\times10^{-3}}{25.00\times\dfrac{10.00}{100.00}\times10^{-3}}$$

三、实验准备

1. 仪器　移液管（10mL、25mL）、容量瓶（100mL）、碱式滴定管或聚四氟乙烯滴定管（25mL）、锥形瓶（250mL）、洗瓶（500mL）、量筒（100mL）、烧杯（100mL）、玻璃棒、洗耳球。

2. 试剂　NaOH 标准溶液（0.100 0mol/L）、酚酞指示剂（0.1%）、市售食醋（约 50g/L）、蒸馏水。

四、实验内容

精密量取 10.00mL 市售食醋溶液转移至 100mL 容量瓶中，加入蒸馏水稀释至刻度，密塞，充分摇匀，待用。

精密量取市售食醋稀释液 25.00mL 转移至 250mL 锥形瓶中，加入蒸馏水 25mL，加入酚酞指示剂 2 滴，摇匀，用 NaOH 标准溶液滴定至溶液呈浅红色，30s 内不褪色即为终点，记录消耗 NaOH 标准溶液的体积。平行测定 3 次。计算食醋的总酸量和相对平均偏差。

五、实验结果

将实验结果填写在实验表 4-1 内。

六、注意事项

1. 食醋中乙酸的含量较高，须稀释一定倍数后再滴定。

2. 某些食醋颜色较深，若稀释后的颜色仍很深，则不宜用指示剂法来准确测定。

3. 食醋中乙酸易挥发，取用食醋后应立即将瓶塞塞好，防止挥发。

实验数据与处理		实验次数		
		1	2	3
食醋稀释液的体积 $V_{食醋}$/mL		25.00	25.00	25.00
V_{NaOH}/mL	$V_{终}$			
	$V_{初}$			
	$V_{消耗}=V_{终}-V_{初}$			
食醋的总酸量 $\rho_{食醋}/(\text{g·L}^{-1})$	ρ			
	$\bar{\rho}$			
精密度	平均偏差 $\bar{d}$			
	相对平均偏差 $R\bar{d}$			

七、思考题

1. 测定乙酸为什么选择酚酞作为指示剂？能否选择甲基橙？试说明理由。

2. 为何用移液管取液时，需用食醋溶液润洗 3 遍？锥形瓶需要用食醋润洗吗？

3. 测定过程中为了减少乙酸的挥发所导致的误差，应采取哪些措施？

（白　斌）

实验五　生理盐水中氯化钠含量的测定

一、实验目的

1. 掌握用吸附指示剂法测定样品含量的方法。

2. 熟悉吸附指示剂法的滴定条件。

3. 学会用吸附指示剂确定滴定终点和控制反应条件。

二、实验原理

本实验以硝酸银溶液为滴定液，以荧光黄为指示剂，测定生理盐水中氯化钠的含量。在化学计量点前，氯化银胶粒吸附 Cl^-（$AgCl \cdot Cl^-$）使沉淀表面带负电荷，由于同性相斥，沉淀不吸附荧光黄阴离子，这时溶液显示指示剂阴离子本身的颜色，即黄绿色。当滴定至稍过化学计量点时，氯化银胶粒吸附稍过量的 Ag^+（$AgCl \cdot Ag^+$）使沉淀表面带正电荷，沉淀吸附荧光黄阴离子，使指示剂结构发生变化，沉淀表面颜色变为淡红色，从而指示终点。其变色过程可表示为：

终点前：

$$HFIn \rightleftharpoons H^+ + FIn^-（黄绿色）$$

$$AgCl + Cl^- + FIn^- \rightleftharpoons AgCl \cdot Cl^- + FIn^-（黄绿色）$$

终点时：

$$AgCl + Ag^+ \rightleftharpoons AgCl \cdot Ag^+$$

$$（AgCl）\cdot Ag^+ + FIn^-（黄绿色）\rightleftharpoons （AgCl）\cdot Ag^+ \cdot FIn^-（浅红色）$$

三、实验准备

1. 仪器 移液管（10mL）、容量瓶（100mL）、棕色酸式滴定管（50mL）、锥形瓶（250mL）、量筒（10mL）、量筒（50mL）。

2. 试剂 硝酸银标准溶液（0.100 0mol/L）、生理盐水（9g/L）、2%糊精溶液、荧光黄指示剂。

四、实验内容

精密吸取生理盐水10.00mL置于锥形瓶中，加蒸馏水40mL，2%糊精溶液5mL，荧光黄指示剂5~8滴，用0.100 0mol/L硝酸银标准溶液滴定至混浊液由黄绿色变为淡红色即为终点。记录所消耗的硝酸银标准溶液的体积。按下式计算氯化钠的含量。

$$\rho_{NaCl} = \frac{(cV)_{AgNO_3} M_{NaCl}}{V_S}$$

平行测定3次。计算氯化钠的含量和三次结果的相对平均偏差。

五、实验结果

将实验结果填写在实验表5-1内。

实验表5-1 实验结果

实验数据与处理		实验次数		
		1	2	3
氯化钠溶液体积/mL		10.00	10.00	10.00
V_{AgNO_3}/mL	$V_初$			
	$V_终$			
	$V_终 - V_初$			
氯化钠的含量 $\rho_{氯化钠}$/($g \cdot L^{-1}$)	ρ			
	$\bar{\rho}$			
精密度	平均偏差 $\bar{d}$			
	相对平均偏差 $R\bar{d}$			

六、注意事项

1. 为防止氯化银胶粒聚沉，应先加入糊精溶液，再用硝酸银滴定液滴定。

2. 应在中性或弱碱性（pH为7~10）条件下滴定，一方面使荧光黄指示剂主要以阴离子（FIn^-）形式存在，另一方面避免生成氧化银沉淀。

3. 滴定操作应避免在强光下进行，以防止氯化银见光分解析出金属银，影响终点的观察。

4. 10mL移液管与100mL容量瓶应配套使用。

七、思考题

1. 测定氯化钠溶液含量时可以选用曙红做指示剂吗？为什么？

2. 滴定前为什么要加糊精溶液？

3. 实验结束后，如何洗涤滴定管？

（张 舟）

实验六　水的总硬度测定

一、实验目的

1. 掌握配位滴定法测定水的总硬度的方法。
2. 能正确表示与计算水的总硬度。
3. 学会用铬黑 T 指示剂确定滴定终点。

二、实验原理

水的总硬度是指溶解于水中钙盐和镁盐的含量。钙盐和镁盐的含量越高,表示水的总硬度越大。

水的总硬度的测量通常采用配位滴定法,以铬黑 T 为指示剂,以氨 – 氯化铵溶液为缓冲溶液,用 EDTA 标准溶液直接滴定水中的 Ca^{2+} 和 Mg^{2+} 总量,滴定过程的反应如下:

滴定前:

$$Mg^{2+} + EBT \Longleftrightarrow Mg - EBT$$
$$\text{蓝色} \qquad\qquad \text{酒红色}$$

$$Ca^{2+} + EBT \Longleftrightarrow Ca - EBT$$
$$\text{蓝色} \qquad\qquad \text{酒红色}$$

终点前:

$$Mg^{2+} + EDTA \Longleftrightarrow Mg - EDTA$$
$$\text{无色}$$

$$Ca^{2+} + EDTA \Longleftrightarrow Ca - EDTA$$
$$\text{无色}$$

终点时:

$$Mg - EBT + EDTA \Longleftrightarrow Mg - EDTA + EBT$$
$$\text{酒红色} \qquad\qquad\qquad\qquad \text{蓝色}$$

$$Ca - EBT + EDTA \Longleftrightarrow Ca - EDTA + EBT$$
$$\text{酒红色} \qquad\qquad\qquad\qquad \text{蓝色}$$

根据滴定终点时消耗的 EDTA 标准溶液的体积,可以得到 Ca^{2+}、Mg^{2+} 的总浓度,然后将水中 Ca^{2+}、Mg^{2+} 的量折算成 $CaCO_3$ 的质量,以每升水中所含 $CaCO_3$ 的毫克数来表示水的总硬度,计算公式如下:

$$水的总硬度(CaCO_3, mg/L) = \frac{c_{EDTA} V_{EDTA} M_{CaCO_3}}{V_{水样}} \times 1\,000$$

三、实验准备

1. 仪器　10mL 量筒、100mL 烧杯、250mL 锥形瓶、滴管、酸式滴定管。

2. 试剂 EDTA 滴定液（0.010 0mol/L）、铬黑 T 指示剂、氨－氯化铵缓冲溶液（pH=10）。

四、实验内容

用移液管精密移取水样 100.00mL，置于 250mL 锥形瓶中，加入氨－氯化铵缓冲溶液（pH=10）10mL 及少许铬黑 T 指示剂（此时溶液为酒红色）。用 0.010 0mol/L 的 EDTA 滴定液滴定至溶液由酒红色变为蓝色，即为滴定终点。记录消耗 EDTA 滴定液的体积。

平行测定 3 次，计算水的总硬度的平均值。

五、实验结果

将实验结果填写在实验表 6-1 内。

实验表 6-1　实验结果

实验数据与处理		实验次数		
		1	2	3
水样体积 /mL	$V_{水样}$	100.00	100.00	100.00
V_{EDTA}/mL	$V_{终}$			
	$V_{初}$			
	$V_{消耗}=V_{终}-V_{初}$			
水的总硬度（$CaCO_3$, mg/L）				
水的总硬度平均值（$CaCO_3$, mg/L）				
精密度	平均偏差 $\bar{d}$			
	相对平均偏差 $R\bar{d}$			

六、注意事项

1. 氨－氯化铵缓冲溶液放置时间较长，氨水浓度降低时，应重新配制。使用时避免反复开盖使氨水浓度降低而影响 pH。

2. 加入缓冲溶液后，应立即滴定，以防止长时间放置生成沉淀。

七、思考题

1. 若水的硬度是将水中所含 Ca^{2+}、Mg^{2+} 的量折算成 CaO 的质量，计算结果如何变化？

2. 水样中为什么要加入氨－氯化铵缓冲溶液？

（王红波）

实验七　双氧水中过氧化氢含量的测定

一、实验目的

1. 掌握 $KMnO_4$ 标准溶液的配制与标定的实验方法。

2. 掌握 $KMnO_4$ 法测定 H_2O_2 含量的方法和操作技术。

3. 学会使用自身指示剂法确定滴定终点。

二、实验原理

1. $KMnO_4$ 标准溶液应采用间接法配制。一般是将溶液配制好,贮存于棕色瓶中,密闭保存两周,过滤,再用基准物质进行标定。

2. 标定 $KMnO_4$ 标准溶液,常用的基准物质是 $Na_2C_2O_4$。其标定反应如下:

$$2MnO_4^- + 5C_2O_4^{2-} + 16H^+ \rightleftharpoons 2Mn^{2+} + 10CO_2\uparrow + 8H_2O$$

为提高反应速率,可将滴定反应温度控制在 75~85℃,以 $KMnO_4$ 作为自身指示剂,滴定至溶液出现微红色(30s 不褪色),即为滴定终点。

3. 在室温、酸性条件下,H_2O_2 能和 $KMnO_4$ 定量反应,因此,可以用 $KMnO_4$ 标准溶液直接测定 H_2O_2 的含量。其反应式为:

$$2MnO_4^- + 5H_2O_2 + 6H^+ \rightleftharpoons 2Mn^{2+} + 5O_2\uparrow + 8H_2O$$

滴定开始时,反应较慢,待有少量 Mn^{2+} 生成后,由于 Mn^{2+} 的催化作用,反应速率逐渐加快,此时滴定速率可适当加快。滴定至终点时,溶液呈微红色(30s 内不褪色)。

三、实验准备

1. 仪器　恒温水浴锅、托盘天平、电子天平、酸式滴定管(50mL)、移液管(10mL、1mL)、洗耳球、锥形瓶、垂熔玻璃漏斗、胶头滴管、洗瓶等。

2. 试剂　固体 $KMnO_4$、$Na_2C_2O_4$(基准物质)、H_2SO_4 溶液(3mol/L)、H_2O_2 溶液(30g/L)等。

四、实验内容

1. 0.02mol/L $KMnO_4$ 标准溶液的配制　用托盘天平称取 1.6g $KMnO_4$ 置于大烧杯中,加入蒸馏水 500mL,加热煮沸 15min 后冷却,置于棕色瓶中,于暗处静置两周,用垂熔玻璃漏斗过滤,备用。

2. 0.02mol/L $KMnO_4$ 标准溶液的标定　精密称取 105℃干燥至恒重的基准物质草酸钠约 0.2g,加入新煮沸过放冷的蒸馏水 25mL 和 3mol/L H_2SO_4 溶液 10mL,使其溶解。从滴定管中迅速加入待标定的 $KMnO_4$ 标准溶液约 25mL,放在 75~85℃水浴锅中加热,待褪色后,继续用 $KMnO_4$ 标准溶液滴定至溶液显微红色(30s 不褪色)即为终点。记录消耗的 $KMnO_4$ 标准溶液的体积。平行测定 3 次。滴定结束时,溶液温度应不低于 55℃。按下式计算 $KMnO_4$ 标准溶液的浓度:

$$c_{KMnO_4} = \frac{2m_{Na_2C_2O_4} \times 10^3}{5M_{Na_2C_2O_4}V_{KMnO_4}}$$

3. H_2O_2 含量的测定　用 1mL 刻度吸管吸取 1.00mL H_2O_2 样品液,置于盛有约 20mL 蒸馏水的锥形瓶中,加入 3mol/L H_2SO_4 溶液 10mL,用 0.02mol/L $KMnO_4$ 标准溶液滴定至微红色(30s 不褪色),即为滴定终点。记录消耗的 $KMnO_4$ 标准溶液的体积。

平行测定 3 次,计算 H_2O_2 的含量。计算公式如下:

$$\rho_{H_2O_2} = \frac{5}{2} \times \frac{c_{KMnO_4}V_{KMnO_4}M_{H_2O_2}}{V_s}$$

五、实验结果

1. $KMnO_4$ 标准溶液的标定　将实验结果填写在实验表 7-1 内。

2. H_2O_2 含量的测定　将实验结果填写在实验表 7-2 内。

实验数据与处理		实验次数		
		1	2	3
$Na_2C_2O_4$ 的质量 $m_{Na_2C_2O_4}$/g				
V_{KMnO_4}/mL	$V_初$			
	$V_终$			
	$V_终-V_初$			
$KMnO_4$ 溶液的浓度 c_{KMnO_4}/(mol·L^{-1})	c_{KMnO_4}			
	$\bar{c}_{KMnO_4}$			
精密度	平均偏差 $\bar{d}$			
	相对平均偏差 $R\bar{d}$			

实验表 7-2　实验结果

实验数据与处理		实验次数		
		1	2	3
H_2O_2 样品液的体积 /mL		1.00	1.00	1.00
V_{KMnO_4}/mL	$V_初$			
	$V_终$			
	$V_终-V_初$			
H_2O_2 的含量 $\rho_{H_2O_2}$/(g·L^{-1})	$\rho_{H_2O_2}$			
	$\bar{\rho}_{H_2O_2}$			
精密度	平均偏差 $\bar{d}$			
	相对平均偏差 $R\bar{d}$			

六、注意事项

1. 由于 $KMnO_4$ 标准溶液为深色溶液,读取体积数据时应读凹月面的上液面。

2. 终点为出现微红色且 30s 内不褪色。

3. 为减少 H_2O_2 的挥发、分解,每份 H_2O_2 溶液应在滴定前取用。

4. 实验结束后应立即用自来水冲洗滴定管,以免堵塞滴定管尖。

七、思考题

1. 配制 $KMnO_4$ 标准溶液时,为什么要加热煮沸一段时间？过滤 $KMnO_4$ 滴定液的目的是什么？能否采用普通漏斗制作的过滤装置进行过滤？

2. 标定 $KMnO_4$ 标准溶液时,为什么要用硫酸调整溶液为强酸性？

3. 用 $KMnO_4$ 标准溶液测定 H_2O_2 含量时,能否用加热的方法提高反应速率？为什么？

（王海燕）

实验八　维生素 C 含量的测定

一、实验目的

1. 熟练掌握直接碘量法测定维生素 C 含量的方法和操作技术。

2. 学会用淀粉指示剂确定滴定终点。

二、实验原理

维生素 C 化学式为 $C_6H_8O_6$，分子中的烯二醇基具有较强的还原性，能被弱氧化剂 I_2 定量地氧化成二酮基，其反应如下：

在碱性条件下有利于反应向右进行，但由于维生素 C 在中性或碱性溶液中易被空气中的 O_2 氧化，所以，滴定常在稀醋酸（CH_3COOH）溶液中进行。

测定维生素 C 含量采用的是直接碘量法，在滴定前加入淀粉做指示剂，用 I_2 标准溶液滴定至溶液呈现蓝色（30s 不褪色），即为滴定终点。

三、实验准备

1. 仪器　电子天平、酸式滴定管（50mL）、刻度吸管（10mL）、量筒、洗耳球、碘量瓶、洗瓶等。

2. 试剂　固体维生素 C 样品、CH_3COOH 溶液（2mol/L）、I_2 标准溶液（0.05mol/L）、淀粉指示剂等。

四、实验内容

1. 取样　精密称取维生素 C 约 0.2g，置于 250mL 碘量瓶中，并加入新煮沸放冷的蒸馏水 100mL 和 2mol/L CH_3COOH 溶液 10mL，搅拌，使维生素 C 溶解。

2. 测定维生素 C 的含量　向维生素 C 溶液中加入淀粉指示剂 1mL，用 0.05mol/L I_2 标准溶液滴定至溶液呈现蓝色（30s 不褪色）即为终点。记录消耗 I_2 标准溶液的体积。平行测定 3 次。按下式计算维生素 C 的含量。

$$\omega_{C_6H_8O_6} = \frac{c_{I_2} V_{I_2} M_{C_6H_8O_6} \times 10^{-3}}{m_S}$$

五、实验结果

将实验结果填写在实验表 8-1 内。

六、注意事项

1. 溶解维生素 C 时，应先加醋酸再加纯化水，使溶液保持酸性，以防维生素 C 氧化。

2. I_2 易挥发，量取 I_2 标准溶液后应立即盖好瓶塞。

3. 滴定至近终点时应充分振摇，并减慢滴定速率。

实验表 8-1　实验结果

实验数据与处理		实验次数		
		1	2	3
维生素 C 质量 $m_{C_6H_8O_6}$/g				
V_{I_2}/mL	$V_初$			
	$V_终$			
	$V_终 - V_初$			
维生素 C 的含量 $\omega_{C_6H_8O_6}$	$\omega_{C_6H_8O_6}$			
	$\overline{\omega}_{C_6H_8O_6}$			
精密度	平均偏差 $\overline{d}$			
	相对平均偏差 $R\overline{d}$			

七、思考题

1. 直接碘量法指示剂何时加入,终点颜色是什么?

2. 为什么要用新煮沸放冷的蒸馏水溶解维生素 C?

3. 测定中加稀醋酸的目的是什么?

（王海燕）

实验九　电位法测定饮用水的 pH

一、实验目的

1. 掌握直接电位法测定溶液 pH 的原理和方法。

2. 熟悉 pH 计的组成、工作原理及使用方法。

3. 学会用两次测定法测定溶液的 pH。

二、实验原理

用直接电位法测定溶液的 pH,常用的指示电极为 pH 玻璃电极,参比电极为饱和甘汞电极。将两支电极插入待测 pH 溶液中组成原电池,电池符号为:

$$(-) \text{ pH 玻璃电极} \mid \text{待测 pH 溶液} \parallel \text{饱和甘汞电极 }(+)$$

25℃时该电池的电动势为:

$$E = \varphi_{饱和甘汞} - \varphi_玻} = K + 0.059\text{pH}$$

由于每支 pH 玻璃电极的性质常数 $K_玻$ 是不相同的,且受到诸多因素的影响,因此上式中常数 K 值不能准确测定。通常在测定时采用两次测定法以消除其影响。两次测定法是先测定已知 pH 标准溶液（pH_s）构成原电池的电池电动势（E_s）。然后再测定由待测溶液（pH_x）构成原电池的电池电动势（E_x）。根据 E_s、E_x 与 pH_s、pH_x 的关系式可以推知:

$$\text{pH}_x = \text{pH}_s + \frac{E_x - E_s}{0.059}$$

从上式可知,只要知道 E_s 与 E_x 的测量值和 pH_s,就能计算待测溶液的 pH_x。

在实际测定中,pH 计可直接显示出溶液的 pH,而不必通过上式计算被测溶液的 pH。

三、实验准备

1. 仪器　pHS-3C 型酸度计或其他型号、复合 pH 电极、50mL 烧杯。

2. 试剂　pH 为 6.86 标准缓冲溶液、pH 为 9.18 标准缓冲溶液。

四、实验内容

1. 标准 pH 缓冲溶液的配制　配制标准缓冲溶液,配制方法参照附表四。

2. pHS-3C 型酸度计的校准与校验

（1）仪器准备:将浸泡好的复合 pH 电极夹在电极夹上,接上电极导线。用蒸馏水清洗电极头部,并用吸水纸吸干电极外壁上的水。

（2）仪器预热:打开仪器电源开关预热 30min。

（3）仪器的校准

1）将仪器功能选择按钮置“pH”挡。

2）测量缓冲溶液温度,调节“温度”补偿旋钮,使其指向待测溶液的温度值。

3）将电极插入磷酸二氢钾和磷酸氢二钠标准缓冲溶液（pH=6.86,298.15K）中。

4）将“斜率”调节器按顺时针调到最大（100%）。

5）轻摇装有标准缓冲溶液的烧杯,直至电极反应达到平衡。

6）调节“定位”旋钮,使仪器上显示的读数和标准缓冲溶液在该温度下的 pH 相同。

7）取出电极,移去标准缓冲溶液,用蒸馏水清洗电极后,再插入硼砂标准缓冲溶液（pH=9.18,298.15K）中,轻摇烧杯,旋动“斜率”调节器,使仪器显示该标准缓冲溶液的 pH（此时不能动“定位”旋钮）,调好后,“定位”与“斜率”调节器都不能再动。

3. 待测水样 pH 的测定　把电极从标准缓冲溶液中取出,先用蒸馏水清洗电极,再用待测水样冲洗,然后,把电极插入待测水样中,轻摇烧杯,待电极反应达到平衡后,读取被测水样的 pH。

4. 平行测定 3 次水样 pH,计算水样 pH 的平均值。

5. 结束工作　测量完毕取出电极,用蒸馏水洗净,浸入盛有 3mol/L 氯化钾溶液的浸泡瓶内保存,切断电源。

五、实验结果

将实验结果填写在实验表 9-1 内。

实验表 9-1　实验结果

待测饮用水的温度 _____℃,仪器型号 _____,电极型号 _____

测定次数	1	2	3
饮用水的 pH			
平均 pH			

六、注意事项

1. 更换电极测定的溶液时,必须洗涤电极并用滤纸吸干水分,以免交叉污染。

2. 用于 pH 计校准的缓冲溶液应该与待测溶液 pH 相近。

3. 复合 pH 电极使用后,须浸泡于 3mol/L 的 KCl 溶液中。

七、思考题

1. 测量溶液的 pH 时,为什么 pH 计要用标准缓冲溶液进行校准?
2. 为什么应尽量选用与待测溶液 pH 相近的标准缓冲溶液来校准 pH 计?

（王红波）

实验十　高锰酸钾溶液吸收光谱曲线的绘制

一、实验目的

1. 掌握紫外－可见分光光度计的使用方法。
2. 学会绘制吸收光谱曲线的方法。
3. 学会根据吸收曲线,找出最大吸收波长。

二、实验原理

溶液对光具有选择性吸收,即同一种溶液对不同波长的光的吸收程度不同。通过测量一定浓度的溶液对不同波长单色光的吸光度,以入射光波长（λ）为横坐标,对应的吸光度（A）为纵坐标,在坐标系中找出对应的点描绘吸收光谱曲线。在吸收曲线中,吸收峰最高处所对应的波长称为最大吸收波长（λ_{max}）。测定此溶液浓度时,应选择该溶液的 λ_{max} 作为入射光。

三、实验准备

1. 仪器　紫外－可见分光光度计、电子天平、容量瓶、吸量管、洗耳球。
2. 试剂　$KMnO_4$（A.R.）。

四、实验内容

1. 722S 型分光光度计使用方法

（1）预热:开启电源,指示灯亮,预热 30min。预热过程中打开样品室盖,切断光路以保护光电管。

（2）选择波长:通过波长调节手轮选择适宜的测量波长。调节波长时,视线一定要与视窗垂直。

（3）置入样品:选择合适的比色皿,将盛放参比样品和待测样品的比色皿放到样品架内。

（4）调节 0% T 和 100% T 旋钮:打开试样室盖,调节"MODE"键,使显示为"0.00",将比色皿架处于参比样品校正位置,盖上试样室盖,调节"MODE"键,使显示为"100.0"。一次未到位,可加按一次。

（5）吸光度的测量:将参比样品置于光路,调节"MODE"键,使显示"0.00",然后拉动拉杆,将待测样品移入光路,显示值即是该样品的吸光度值。

（6）若测试波长改变,须重新按步骤 4 调"0"和"100%"。

2. 配制标准溶液　精密称取 $KMnO_4$ 试剂 0.012 5g,置于烧杯中,溶解后,转入 100mL 容量瓶中加蒸馏水至刻度,摇匀。此时 $KMnO_4$ 溶液的浓度为 0.125g/L。

3. 绘制吸收曲线

（1）精密吸取上述 $KMnO_4$ 溶液 20.00mL 置于洁净的 50mL 容量瓶中,加蒸馏水至刻度,摇匀。此时 $KMnO_4$ 溶液的浓度为 50μg/mL。将此溶液和参比溶液（蒸馏水）分别置于 1cm 的比色皿中,并放入紫外－可见分光光度计的吸收池中,按照仪器的使用方法（按照仪器使用说明书）测定吸光度。

（2）从波长 420nm 开始，每隔 20nm 测定一次吸光度，每变换一次波长，都需用蒸馏水作空白，调节透光率为 100% 后，再测定溶液的吸光度。在 520~540nm 处，每隔 5nm 测定一次，记录溶液在不同波长处的吸光度。

（3）以波长为横坐标，吸光度为纵坐标，将测得的吸光度值逐点描绘在坐标纸上，然后将各点连成光滑曲线，即得吸收光谱曲线。

（4）从吸收光谱曲线上找出最大吸收波长（λ_{max}）的值。

五、实验结果

将实验结果填写在实验表 10-1 内。

实验表 10-1　实验结果

波长（λ）/nm	420	440	460	480	500	520	525	530	535
吸光度（A）									
波长（λ）/nm	540	560	580	600	620	640	660	680	700
吸光度（A）									

六、注意事项

1. 每次读数后应随手打开暗箱盖，光闸自动关闭，以保护光电管。

2. 测定前，先用待测液润洗比色皿 2~3 次。不能用手拿比色皿的透光玻璃面。

3. 试液应加至比色皿高度的 4/5 处，加液时要尽量避免溢出，如果池壁上有液滴，应用滤纸吸干。

4. 仪器室内照明不宜太强。避免电扇或空调直接吹向仪器，以免光源发光不稳。

5. 比色皿使用完后，应立即用蒸馏水冲洗干净，并用滤纸将水吸干，以防止表面光洁度被破坏，影响比色皿的透光率。

6. 经常检查仪器各部位放置的干燥剂，若硅胶变色，应立即更换。

七、思考题

1. 吸收曲线在实际应用中有何意义？

2. 用不同浓度 $KMnO_4$ 溶液绘制吸收光谱曲线，测得最大吸收波长是否相同？为什么？

3. 改变入射光的波长时，要用参比溶液调节透光率为 100%，再测定溶液的吸光度，为什么？

（李　勤）

实验十一　高锰酸钾溶液的含量测定（工作曲线法）

一、实验目的

1. 会使用紫外 - 可见分光光度计。

2. 能绘制标准曲线（工作曲线）。

3. 掌握测定有色物质含量的方法。

二、实验原理

光的吸收定律（$A=KcL$）适用一定浓度范围的稀溶液。测定溶液的吸光度时，用最大吸收波长作入射光，若固定吸收池的厚度，则吸光度与溶液的浓度成正比，即：在 $A-c$ 坐标系中，光的吸收定律是一条通过原点的直线,称为标准曲线或工作曲线。根据待测溶液的吸光度,在标准曲线上可找到待测溶液的浓度,从而计算原样品溶液的浓度。

$$c_{原样} = c_{样} \times 稀释倍数$$

三、实验准备

1. 仪器　紫外－可见分光光度计、电子天平、容量瓶、吸量管、洗耳球。

2. 试剂　$KMnO_4$（A.R.）、H_2SO_4 溶液（0.05mol/L）。

四、实验内容

1. $KMnO_4$ 标准溶液配制　精密称取 $KMnO_4$ 试剂 0.500 0g,置于烧杯中,加少量蒸馏水和 0.05mol/L 的 H_2SO_4 溶液 20mL,使其溶解,置于 1 000mL 容量瓶中加蒸馏水至刻度,摇匀,其浓度 $c_{标}$ 为 0.500 0g/L。

2. 绘制标准曲线（工作曲线）

（1）标准系列溶液的配制:取 6 个洁净的 50mL 容量瓶,编号,分别加入上述 $KMnO_4$ 标准溶液 0.00mL、1.00mL、2.00mL、3.00mL、4.00mL、5.00mL,加蒸馏水至刻度,摇匀,放置 5min。

（2）测定:在 525nm 波长处用 1cm 比色皿,以蒸馏水作空白,测定各溶液的吸光度。以浓度（c）为横坐标、吸光度（A）为纵坐标,绘制标准曲线。

3. $KMnO_4$ 样品溶液的测定　精密吸取 $KMnO_4$ 样品溶液（浓度约为 0.500 0mg/mL）5.00mL,置于 50mL 容量瓶中,加蒸馏水稀释至刻度,摇匀,放置 5min。按测定标准系列吸光度相同的条件和方法,测定样品稀释溶液的吸光度（$A_{样}$）,在标准曲线上找出 $A_{样}$ 对应的 $c_{样}$ 并计算高锰酸钾样品溶液的浓度（$c_{原样}$）。

$$c_{原样} = c_{样} \times 10$$

五、实验结果

将实验结果填写在实验表 11-1 内。

实验表 11-1　实验结果

$KMnO_4$ 样品溶液体积 V/mL	0.00	1.00	2.00	3.00	4.00	5.00
A						
c/（mol·L^{-1}）						

$c_{样} =$

$c_{原样} =$

六、注意事项

1. 配制系列标准溶液和试样溶液的容量瓶应及时贴上标签,以防混淆。

2. 测定系列标准溶液的吸光度时,应按浓度由稀到浓的顺序依次测定。

3. 及时记录测定的吸光度,根据实验数据在坐标纸上绘制标准曲线。

4. 绘制标准曲线时,单位取整数,间隔要适当。

七、思考题

1. 为什么以 $KMnO_4$ 溶液的最大吸收波长作为入射光测定吸光度?

2. 绘制的工作曲线是否通过原点? 为什么?

3. 为什么绘制标准曲线和测定试样应在相同条件下进行？这里主要指哪些条件？

（李　勤）

实验十二　纸色谱法分离氨基酸

一、实验目的

1. 熟悉纸色谱法的分离原理。
2. 学会采用纸色谱法分离几种氨基酸的操作技术。

二、实验原理

纸色谱法是以色谱滤纸为载体的分配色谱法。纸色谱法的固定相通常是滤纸上吸附的水,流动相(展开剂)是一些含水的有机溶剂,如水饱和的正丁醇、正戊醇、酚等。纸色谱法的分离原理是利用样品各组分在两相之间的分配系数不同而实现分离。在一定的色谱条件下,各组分的比移值(R_f)或相对比移值(R_s)是定值,对斑点检视定位后,可利用 R_f 值或 R_s 值进行定性鉴别。

比移值(R_f)是指原点到待测组分斑点中心的距离与原点到溶剂前沿的距离之比。即:

$$R_f = \frac{原点到待测组分斑点中心的距离}{原点到溶剂前沿的距离}$$

三、实验准备

1. **仪器**　色谱滤纸、展开缸、毛细管、量筒(10mL、50mL)、分液漏斗、喷雾器、电吹风机、铅笔、直尺。

2. **试剂**　正丁醇、乙酸、水、0.1% 甘氨酸水溶液、0.1% 酪氨酸水溶液、0.1% 苯丙氨酸水溶液、0.1% 茚三酮的乙醇溶液。

四、实验内容

1. **氨基酸混合液的制备**　根据实验的用量,将 0.1% 甘氨酸水溶液、0.1% 酪氨酸水溶液、0.1% 苯丙氨酸水溶液按照 1:1:1(体积比)的比例混合均匀。

2. **展开剂的制备**　将正丁醇、乙酸、水按照 4:1:1(体积比)的比例混合制备。具体方法:根据实验的用量,先将正丁醇与水在分液漏斗中进行混合,振摇 10~15min,然后加乙酸再充分振摇。静置分层后,弃去下层,取上层作为展开剂。

3. **色谱滤纸的选择**　选择一块大小合适、纸质纯净、质地均匀、平整无折痕、边缘整齐、有一定机械强度的色谱滤纸。

4. **点样**　在距离色谱滤纸一端 2cm 处用铅笔轻轻画出基线,在基线上每隔 2cm 画一记号作为点样位置。用毛细管分别吸取三种氨基酸溶液各 1μL 及氨基酸混合液 3μL 分别点在基线上,样品点直径以 2~3mm 为宜。

5. **展开**　将展开剂倒入展开缸中,色谱滤纸固定在展开缸盖的玻璃钩上,注意色谱滤纸不能浸入展开剂中。加盖密闭,放置半小时,待展开缸内体系达到饱和后,再迅速将色谱滤纸点样一端浸入展开剂中,浸入深度为 1cm 为宜,展开剂携带样品中的各组分向上移动。待展开剂上升至距离色谱滤纸上端 2cm 处,取出色谱滤纸,迅速用铅笔标记溶剂前沿,晾干或用电吹风机吹干。

6. **显色与检视**　用喷雾器将 0.1% 茚三酮的乙醇溶液均匀地喷在色谱滤纸上,再用电吹风机吹干,色谱滤纸上显出三种氨基酸的斑点,用铅笔标记各斑点中心的位置。

7. 定性分析　用直尺测量原点到各组分斑点中心的距离和原点到溶剂前沿的距离,分别计算各组分的 R_f 值。

五、实验结果

将实验结果填写在实验表 12-1 内。

实验表 12-1　实验结果

	原点到组分斑点中心的距离 /cm	原点到溶剂前沿的距离 /cm	R_f 值
甘氨酸			
酪氨酸			
苯丙氨酸			
氨基酸混合液组分 1			
氨基酸混合液组分 2			
氨基酸混合液组分 3			

六、注意事项

1. 展开缸的密闭性应良好。

2. 展开剂应现配现用,否则会发生酯化反应,影响展开效果。

3. 预饱和时,色谱滤纸不能浸入展开剂中。

4. 展开时,不能将样品点浸入展开剂中。

七、思考题

1. 样品点过大将会产生什么后果?

2. 为什么在展开前需要先将已点样的色谱滤纸进行预饱和?

3. 为什么色谱滤纸上的样品点不能浸入展开剂中?

(何应金)

实验十三　实验技能考核

一、实验目的

1. 巩固分析化学实验的基本原理、基础知识和基本技能。

2. 具有完成简单的实验设计及操作能力,提高分析问题和解决问题的能力。

3. 培养严谨细致、精益求精的职业精神。

二、实验仪器及试剂

1. 仪器　电子天平、移液管、容量瓶、酸式滴定管、碱式滴定管、烧杯、锥形瓶、药匙、小滴瓶、洗耳球。

2. 试剂　无水碳酸钠、浓氯化钠注射液(100g/L)、NaOH 溶液(0.100 0mol/L)、HCl 溶液(0.100 0mol/L)、0.1% 酚酞指示剂、0.1% 甲基橙指示剂、铬酸洗液。

三、实验技能考核内容（3 项实验内容学生随机抽取 1 项进行）

（一）电子天平的使用

1. 电子天平称量前的准备。

2. 减重称量法　用电子天平称取约 0.500 0g 无水碳酸钠 3 份，要求质量在 0.450 0~0.550 0g。

电子天平的称量操作评分标准见实验表 13-1。

实验表 13-1　电子天平的称量操作（60 分）

电子天平的使用及称量操作						
检查 （4分）	调平 （6分）	开机预热 （4分）	调零 （4分）	称量 （30分）	读数 （8分）	整理 （4分）

（二）移液管、容量瓶的使用

用 100g/L 浓氯化钠注射液准确配制 100.00mL 生理盐水，计算所需浓氯化钠注射液的体积，用移液管准确吸取所需浓氯化钠注射液，转移至 100mL 容量瓶，稀释至刻度线。

移液管、容量瓶的使用操作评分标准见实验表 13-2。

实验表 13-2　移液管、容量瓶的使用操作

移液管、容量瓶的使用操作（60 分）									
移液管的使用					容量瓶的使用				
检查 （3分）	洗涤 （8分）	润洗 （3分）	吸液 （10分）	放液 （6分）	检漏 （3分）	洗涤 （8分）	稀释 （8分）	定容 （6分）	混匀 （5分）

（三）滴定管的使用

用 0.100 0mol/L NaOH 溶液滴定 20.00mL 0.100 0mol/L HCl 溶液。

滴定管的使用与滴定操作评分标准见实验表 13-3。

实验表 13-3　滴定管的使用与滴定操作

滴定管的使用与滴定操作（60 分）							
检漏 （7分）	洗涤 （7分）	装液排气泡 （7分）	调零初始读数 （5分）	滴定操作 （20分）	终点颜色 （5分）	终点读数 （5分）	清理台面 （4分）

四、实验技能考核综合评定

1. 实验态度占 10%。

2. 实验操作占 60%。

3. 实验报告占 20%。

4. 实验整体(综合能力)占 10%。

实验技能考核评分细则见实验表 13-4。

实验表 13-4　实验技能考核评分细则

评定内容	评定项目及分值	得分	总分
1. 实验态度(10 分)	严谨细致、精益求精(10 分)		
2. 实验操作(60 分)(注:3 项实验内容学生随机抽取 1 项进行,分值不累加)	(1)电子天平称量操作(60 分)		
	(2)容量瓶、移液管使用操作(60 分)		
	(3)滴定操作使用和滴定操作(60 分)		
3. 实验报告(20 分)	(1)实验题目、内容(3 分)		
	(2)实验方法正确、步骤规范(10 分)		
	(3)实验数据记录、计算准确(5 分)		
	(4)实验小结(2 分)		
4. 综合能力(10 分)	(1)基本操作能力(4 分)		
	(2)分析和解决问题能力(2 分)		
	(3)实验数据记录和处理能力(2 分)		
	(4)实验整体安排优化能力(2)分		
总评			

(舒　雷)

思考与练习参考答案

第一章 绪论

一、名词解释

1. 分析化学是研究物质的组成、含量、结构和形态等化学信息的分析方法和有关理论及技术的一门科学。

2. 测定物质中有关组分含量的分析称为定量分析。

二、填空题

1. 无机　有机

2. 滴定　重量

3. 组成　含量　结构和形态

三、简答题

1. 分析化学的任务是什么？在医学检验中有哪些作用？

分析化学的任务是鉴定物质的化学组成、测定物质中组分的相对含量、确定物质的化学结构。在医学检验工作中，常用分析化学的各种方法对人体试样进行分析，对有效地预防、诊断和治疗疾病提供技术支撑，为保障人体健康助力。

2. 根据分析任务、对象、方法原理的不同，分析化学方法有哪些分类？

依据分析任务的不同，可分为定性分析、定量分析和结构分析；依据分析对象的不同，可分为无机分析和有机分析；依据分析方法原理的不同，可分为化学分析和仪器分析。

第二章 定量分析概述

一、名词解释

1. 准确度是指测量值与真实值的接近程度，反映了测量结果的正确性。

2. 精密度是指在相同的条件下，多次测量结果相互接近的程度。

3. 有效数字是指实际能测量到的数字，包括所有准确数字和最后一位可疑数字。

二、填空题

1. 正　偏高　负　偏低

2. 系统误差　偶然误差

3. 绝对误差　相对误差　高　低

4. 偏差　重现性　偏差　偏差

5. 四舍六入五留双

三、简答题

1. 下列数据各为几位有效数字？

（1）4位　（2）3位　（3）3位　（4）5位　（5）3位　（6）4位　（7）1位

2. 将下列数据修约成四位有效数字。

（1）28.74　（2）26.64　（3）10.07　（4）0.386 6　（5）2.345×10^{-3}　（6）108.4　（7）328.4　（8）9.986

四、计算题

1. （1）1%;（2）0.1%;（3）0.05%

2. （1）n=5;（2）$\bar{x}$=35.04%;（3）RSD=0.31%

第三章　滴定分析法概述

一、名词解释

1. 滴定分析法是将一种已知准确浓度的溶液加到待测溶液中,当所加的溶液与待测溶液按化学计量关系定量反应完全时,根据滴加溶液的浓度和消耗的体积,计算出待测组分浓度或含量的方法。

2. 标准溶液是已知准确浓度的试剂溶液,又叫滴定液。

3. 标定是用基准物质来确定近似浓度溶液的准确浓度的操作过程。

二、填空题

1. 酸碱滴定法　沉淀滴定法　配位滴定法　氧化还原滴定法

2. 直接法　间接法

3. B 表示滴定液溶质的化学式　A 表示待测组分的化学式

三、简答题

1. 基准物质具备的条件是哪些?

化学组成与化学式完全相符;纯度高一般在 99.9% 以上;性质稳定;不发生副反应,化学反应简单有较大的摩尔质量。

2. 什么是标定?标定的方法有几种?

标定是用基准物质来确定近似浓度溶液的准确浓度的操作过。标定的方法有 3 种即移液管法、多次称量法和对比法。

四、计算题

1. 0.088 62g

2. 0.087 53mol/L

第四章　酸碱滴定法

一、名词解释

1. 酸碱指示剂:是借助自身颜色的转变来指示溶液 pH 的一类有机弱酸、碱性物质。

2. 指示剂变色点:当 [HIn]/[In$^-$] 比值为 1 时,人眼仅能看见酸碱指示剂酸式色与碱式色的混合色(中间色),此时溶液的 pH=pK_{HIn},称为指示剂的理论变色点。

3. 酸碱滴定突跃:在化学计量点前后相对误差为 ±0.1% 的范围内溶液 pH 的突变。

4. 滴定突跃范围:滴定突跃所在的 pH 范围。

二、填空题

1. pH=pK_{HIn}±1　pH=pK_{HIn}

2. 指示剂变色范围应全部或部分落在滴定突跃范围之内

3. 强酸强碱相互滴定　强碱滴定一元弱酸　强酸滴定一元弱碱

4. $c_aK_a \geqslant 10^{-8}$　$c_bK_b \geqslant 10^{-8}$

5. 除去 Na_2CO_3　约 20mol/L

6. 温度　溶剂　指示剂用量　滴定程序

7. 酸或碱的加入量　溶液的 pH

8. 酸或碱的浓度　酸或碱的强度

三、简答题

1. 如何配制氢氧化钠标准溶液？

NaOH 固体易潮解，易吸收空气中的 CO_2 生成 Na_2CO_3，故只能用间接法配制。常采用"浓碱法"，先用 NaOH 固体配成饱和溶液，静置数日，待 Na_2CO_3 沉淀完全后，取一定量上清液稀释，即可配制成所需近似浓度的溶液，再用基准物质标定。

2. 请问 0.1mol/L 甲酸溶液能否用 NaOH 标准溶液准确滴定？选择什么做指示剂？已知25℃时：甲酸的 $K_a=1.77\times10^{-4}$。

已知甲酸 $K_a=1.77\times10^{-4}$，$c_a=0.1mol/L$，根据一元弱酸直接准确滴定的判据，满足 $c_aK_a\geq10^{-8}$，故能用 NaOH 准确滴定，因计量点在弱碱性区域，故选择酚酞作指示剂。

3. 用硼砂作为基准物质标定盐酸滴定液的浓度，若事先将其置于干燥器中保存，则对滴定结果产生什么影响？

当硼砂置于干燥器中保存时，将失去部分结晶水，失水后同样量的硼砂中 $n(Na_2B_4O_7)>n(Na_2B_4O_7\cdot10H_2O)$，因此失水后的硼砂将多消耗 HCl 溶液，即 V_{HCl} 增加，从而造成 HCl 浓度偏低。

四、计算题

1. 0.41~0.49g

2. 0.103 2mol/L

3. 28.22g/L

第五章　沉淀滴定法

一、名词解释

1. 利用生成难溶性银盐反应来进行滴定的方法称为银量法。

2. 铬酸钾指示剂法是用 K_2CrO_4 作指示剂，以 $AgNO_3$ 标准溶液作滴定液，在中性或弱碱性溶液中直接测定氯化物或溴化物的滴定方法。

3. 吸附指示剂法是用 $AgNO_3$ 作为标准溶液，用吸附指示剂确定滴定终点的银量法。

二、填空题

1. 提前　延迟

2. 6.5~10.5　$HCrO_4^-$　$Cr_2O_7^{2-}$　Ag_2O

三、简答题

1. 沉淀反应用于滴定分析必须具备哪些条件？

能用于滴定分析的沉淀反应必须具备以下条件：

（1）沉淀的溶解度必须很小（$S<10^{-6}g/mL$）。

（2）沉淀反应必须迅速、定量地进行。

（3）有适当的方法指示化学计量点。

（4）沉淀的吸附现象不影响滴定结果和终点的确定。

2. 吸附指示剂法的原理是什么？滴定条件有哪些？

吸附指示剂法是用 $AgNO_3$ 作为标准溶液，用吸附指示剂确定滴定终点的银量法。吸附指示剂是一类有机染料,在溶液中能解离出有色离子,当被带相反电荷的胶体沉淀吸附后,发生结构改变从而引起颜色的变化,以此指示滴定终点。为了使终点颜色变化明显,应控制以下条件:①保持沉淀呈胶体状态;②选择吸附力适当的指示剂;③溶液的酸度要适当;④避免在强光照射下滴定。

四、计算题

1. 0.197g; 98.7%

2. 0.166g; 10.0%

第六章　配位滴定法

一、填空题

1. EBT　9.0~10.5　酒红变为蓝色

2. 七　Y^{4-}

3. 溶液 pH　其他配位剂

4. 6

5. 1∶1

6. EBT　10

二、简答题

1. EDTA 和金属离子形成的配合物有哪些特点?

（1）EDTA 与金属离子配位时形成五个五元环,具有特殊稳定性。

（2）EDTA 与不同价态的金属离子形成配合物时,通常配位比为 1∶1。

（3）生成的配合物通常易溶于水。

（4）EDTA 与无色金属离子形成的配合物无色,可用指示剂指示终点;与有色金属离子配位形成配合物的颜色加深,不利于观察。

（5）配位能力与溶液的酸度、温度和其他配位剂的存在等有关,外界条件的变化也能影响配合物的稳定性。

2. 金属指示剂应具备哪些条件? 为什么金属离子指示剂使用时要求一定的 pH 范围?

金属指示剂应具备以下条件:

（1）指示剂 In 的颜色与配合物 MIn 的颜色应有明显的差异。

（2）配合物 MIn 要具有一定的稳定性（$\lg K_{稳}$ >4）。如 MIn 的稳定性太低,会使终点提前。但 MIn 的稳定性应小于 MY 的稳定性。一般要求 $\lg K_{Mg-EDTA}$ 与 $\lg K_{MIn}$ 差值大于等于 2。这样终点时 EDTA 才能夺取 MIn 中的 M,使 In 游离出来而变色。

（3）指示剂与金属离子发生的配位反应必须灵敏、快速并且有良好的变色可逆性。生成的配合物应易溶于水,否则会使滴定终点拖长。

（4）指示剂要具备一定的选择性,在滴定时只对需要测定的离子发生显色反应。

（5）指示剂应比较稳定,便于使用和贮存。

金属指示剂在不同 pH 时会有不同的颜色,为了使指示剂 In 的颜色与配合物 MIn 的颜色有明显的差异,所以,金属指示剂需要满足一定的 pH 要求。

三、计算题

1. 84.16%

2. 246.2mg/L

第七章　氧化还原滴定法

一、名词解释

1. 反应过程中产生的生成物所引起的催化反应称为自催化反应,此现象称为自催化现象。

2. 利用标准溶液或被测溶液自身的颜色变化指示滴定终点的方法称为自身指示剂法。

3. 以 $KMnO_4$ 溶液为标准溶液,在强酸性溶液中直接或间接的测定还原性或氧化性物质含量的分析法。

4. 利用 I_2 的氧化性直接测定还原性较强物质含量的方法。

二、填空题

1. 增加反应物浓度　升高溶液温度　加催化剂

2. 直接滴定方式　返滴定方式　间接滴定方式　间接配制　草酸钠　稀硫酸

3. 直接碘量法　间接碘量法　碘单质　氧化性　还原性

(或间接碘量法　直接碘量法　碘负离子　还原性　氧化性)

4. 淀粉　滴定前　出现蓝色

三、简答题

1. 用 $KMnO_4$ 法测定还原性物质的含量时,能否使用 HNO_3 或 HCl 调节溶液的酸度? 为什么?

不能用 HNO_3 或 HCl 来控制酸度。因为 HNO_3 具有氧化性,会与被测物反应;而 HCl 具有还原性,能与 $KMnO_4$ 反应。

2. 在间接碘量法中,淀粉指示剂应何时加入? 为什么?

指示剂应该在近终点时加入。加入过早,淀粉能和 I_2 形成大量稳定的蓝色物质,造成终点变色不敏锐甚至出现较大的终点推迟,产生较大的滴定误差。

四、计算题

0.103 5mol/L

第八章　电位分析法

一、名词解释

1. 参比电极是指在一定条件下,电位值不随被测溶液组成和浓度变化而保持恒定的电极。

2. 直接电位法是通过测量电池电动势以求得被测物质含量的分析方法。

二、填空题

1. 直接电位法　电位滴定法。

2. 参比电极　指示电极

3. 直接电位法

4. 甘汞电极　Ag-AgCl 电极

三、简答题

1. 什么是电位分析法?

电位分析法是利用电极电位和溶液中某种离子的浓度之间的关系来测定被测物质浓度的一种电化学分析方法。

2. 简述使用复合 pH 电极的注意事项。

(1)复合 pH 电极使用时应将电极加液口橡胶套和下端的浸泡瓶取下,并检查玻璃电极及前端球泡。

（2）复合 pH 电极有一定的适用温度，且不可超出温度范围使用。

（3）复合 pH 电极在使用前后都应用去离子水清洗干净，如长时间不用，应将电极测量端浸入盛有 3mol/L 氯化钾溶液的浸泡瓶内保存。

（4）避免在无水乙醇、浓硫酸等脱水介质中使用，也不宜测量有机物、油脂类、黏稠类的物质。

（5）电极长期使用会发生钝化，此时可用 4% 氢氟酸或者 0.1mol/L 的稀盐酸浸泡处理，使之复新。

第九章　紫外－可见分光光度法

一、填空题

1. 光源　单色器　吸收池　检测器　讯号处理和显示器

2. 标准溶液的浓度　吸光度

二、简答题

1. 不同浓度 $KMnO_4$ 溶液的最大吸收波长是否相同？为什么？

相同，最大吸收波长只与物质的性质有关而与溶液的浓度无关，浓度只会影响吸光度的绝对值，浓度大，吸光度大。

2. 为什么最好在 λ_{max} 处测定化合物含量？

在此波长下，溶液对光的吸收程度最大，灵敏度最高，测定的准确度也最高。

三、计算题

$6.72 \times 10^4 L/(mol \cdot cm)$

第十章　色谱法

一、名词解释

1. 分配系数 K 是指在一定温度和压力下，某组分在流动相与固定相两相间的分配达到平衡状态时的浓度之比。

2. 比移值（R_f）是指原点到待测组分斑点中心的距离与原点到溶剂前沿的距离之比。

3. 边缘效应是指同一组分在同一薄层板上处于边缘斑点的 R_f 值比中间斑点的 R_f 值更大的现象。

二、填空题

1. 柱色谱法　薄层色谱法　纸色谱法

2. 软板　硬板

3. 0.2~0.8　0.3~0.5　0.05 以上

三、计算题

$R_{f(A)} = 0.6$　$R_{f(B)} = 0.8$

附 表

附表一 元素的相对原子质量

（按照原子序数排列，以 $Ar(^{12}C)=12$ 为基准）

元素			原子序数	相对原子质量	元素			原子序数	相对原子质量
符号	名称	英文名			符号	名称	英文名		
H	氢	Hydrogen	1	1.007 94（7）	Ni	镍	Nickel	28	58.693 4（2）
He	氦	Helium	2	4.002 602（2）	Cu	铜	copper	29	63.546（3）
Li	锂	Lithium	3	6.941（2）	Zn	锌	Zinc	30	65.409（4）
Be	铍	Beryllium	4	9.012 182（3）	Ga	镓	Gallium	31	69.723（1）
B	硼	Boron	5	10.811（7）	Ge	锗	Germanium	32	72.64（1）
C	碳	Carbon	6	12.010 7（8）	As	砷	Arsenic	33	74.921 60（2）
N	氮	Nitrogen	7	14.006 7（2）	Se	硒	Selenium	34	78.96（3）
O	氧	Oxygen	8	15.999 4（3）	Br	溴	Bromine	35	79.904（1）
F	氟	Fluorine	9	18.998 403 2（5）	Kr	氪	Krypton	36	83.798（2）
Ne	氖	Neon	10	20.179 7（6）	Rb	铷	Rubidium	37	85.467 8（3）
Na	钠	Sodium	11	22.989 769 28（2）	Sr	锶	Strontium	38	87.62（1）
Mg	镁	Magnesium	12	24.305 0（6）	Y	钇	Yttrium	39	88.905 85（2）
Al	铝	Aluminum	13	26.981 538 6（8）	Zr	锆	Zirconium	40	91.224（2）
Si	硅	Silicon	14	28.085 5（3）	Nb	铌	Niobium	41	92.906 38（2）
P	磷	Phosphorus	15	30.973 762（2）	Mo	钼	Molybdenium	42	95.94（2）
S	硫	Sulphur	16	32.065（5）	Tc	锝	Technetium	43	[98]
Cl	氯	Chlorine	17	35.453（2）	Ru	钌	Ruthenium	44	101.07（2）
Ar	氩	Argon	18	39.948（1）	Rh	铑	Rhodium	45	102.905 50（2）
K	钾	Potassium	19	39.098 3（1）	Rd	钯	Palladium	46	106.42（1）
Ca	钙	Calcium	20	40.078（4）	Ag	银	Silver	47	107.868 2（2）
Sc	钪	Scandium	21	44.955 912（6）	Cd	镉	Cadmium	48	112.411（8）
Ti	钛	Titanium	22	47.867（1）	In	铟	Indium	49	114.848（3）
V	钒	Vanadium	23	50.941 5（1）	Sn	锡	Tin	50	118.710（7）
Cr	铬	Chromium	24	51.996 1（6）	Sb	锑	Antimony	51	121.760（1）
Mn	锰	Manganese	25	54.938 045（5）	Te	碲	Tellurium	52	127.60（3）
Fe	铁	Iron	26	55.845（2）	I	碘	Iodine	53	126.904 47（3）
Co	钴	Cobalt	27	58.933 195（5）	Xe	氙	Xenon	54	131.293（6）

元素			原子序数	相对原子质量	元素			原子序数	相对原子质量
符号	名称	英文名			符号	名称	英文名		
Cs	铯	Caesium	55	132.905 451 9（2）	Fr	钫	Francium	87	[223]
Ba	钡	Barium	56	137.327（7）	Ra	镭	radium	88	[226]
La	镧	Lanthanum	57	138.905 47（7）	Ac	锕	Actinium	89	[227]
Ce	铈	Cerium	58	140.116（1）	Th	钍	Thorium	90	232.038 06（2）
Pr	镨	Praseodymium	59	140.907 65（2）	Pa	镤	Protactinium	91	231.035 88（2）
Nd	钕	Neodymium	60	144.242（3）	U	铀	Uranium	92	238.028 91（2）
Pm	钷	Promethium	61	[145]	Np	镎	Neptumium	93	[237]
Sm	钐	Samarium	62	150.36（2）	Pu	钚	Plutonium	94	[244]
Eu	铕	Europium	63	151.964（1）	Am	镅	Americium	95	[243]
Gd	钆	Gadolinium	64	157.25（3）	Cm	锔	Curium	96	[247]
Tb	铽	Terbium	65	158.925 35（2）	Bk	锫	Berkelium	97	[247]
Dy	镝	Dysprosium	66	162.500（1）	Cf	锎	Californium	98	[251]
Ho	钬	Holmium	67	164.930 32（2）	Es	锿	Einsteinium	99	[252]
Er	铒	Erbium	68	167.259（3）	Fm	镄	Fermium	100	[257]
Tm	铥	Thulium	69	168.934 21（2）	Md	钔	Mendelevium	101	[258]
Yb	镱	Ytterbium	70	173.04（3）	No	锘	Nobelium	102	[259]
Lu	镥	Lutetium	71	174.967（1）	Lr	铹	Lawercium	103	[262]
Hf	铪	Hafnium	72	178.49（2）	Rf		Rutherfordium	104	[267]
Ta	钽	Tantalum	73	180.947 88（2）	Db		Dubnium	105	[268]
W	钨	Tungsten	74	183.84（1）	Sg		Seaborgium	106	[271]
Re	铼	Rhenium	75	186.207（1）	Bh		Bohrium	107	[272]
Os	锇	Osmium	76	190.23（3）	Hs		Hassium	108	[270]
Ir	铱	Iridium	77	192.217（3）	Mt		Meitnerrium	109	[276]
Pt	铂	Platinum	78	195.084（9）	Ds		Darmatadtium	110	[281]
Au	金	Gold	79	196.966 569（4）	Rg		Roentgenium	111	[280]
Hg	汞	Mercury	80	200.59（2）	Uub		Ununbium	112	[285]
Tl	铊	Thallium	81	204.383 3（2）	Uut		Ununtrium	113	[284]
Pb	铅	Lead	82	207.2（1）	Uuq		Ununquadium	114	[289]
Bi	铋	Bismuth	83	208.980 40（1）	Uup		Ununpentium	115	[288]
Po	钋	Polonium	84	[209]	Uuh		Ununhexium	116	[293]
At	砹	Astatine	85	[210]	Uuo		ununocitium	118	[294]
Rn	氡	Radon	86	[222]					

注：录自 2005 年国际原子量表（IUPAC Commission of Atomic Weights and Isotopic Abundances. Atomic Weights of the elements 2005. *Pure Appl.Chem.*, 2006, 78: 2051−2066）。（ ）表示有的是最后一位的不原定性, [ ] 中的数值为没有稳定同位素的半衰期最长同位素的质量数。

附表二　常用化合物的相对分子质量

（根据 2005 年公布的相对原子质量计算）

分子式	相对分子质量	分子式	相对分子质量
$AgBr$	187.77	H_3PO_4	97.995
$AgCl$	143.32	H_2SO_4	98.080
AgI	234.77	I_2	253.81
$AgNO_3$	169.87	$KAl(SO_4)_2 \cdot 12H_2O$	474.39
Al_2O_3	101.96	KBr	119.00
As_2O_3	197.84	$KBrO_3$	167.00
$BaCl_2 \cdot 2H_2O$	244.26	KCl	74.551
BaO	153.33	$KClO_4$	138.55
$Ba(OH)_2 \cdot 8H_2O$	315.47	K_2CO_3	138.21
$BaSO_4$	233.39	K_2CrO_4	194.19
$CaCO_3$	100.09	$K_2Cr_2O_7$	294.19
CaO	56.077	KH_2PO_4	136.09
$Ca(OH)_2$	74.093	$KHSO_4$	136.17
CO_2	44.010	KI	166.00
CuO	79.545	KIO_3	214.00
Cu_2O	143.09	$KIO_3 \cdot HIO_3$	389.91
$CuSO_4 \cdot 5H_2O$	249.69	$KMnO_4$	158.03
FeO	71.844	KNO_2	85.100
Fe_2O_3	159.69	KOH	56.106
$FeSO_4 \cdot 7H_2O$	278.02	K_2PtCl_6	486.00
$FeSO_4 \cdot (NH_4)_2SO_4 \cdot 6H_2O$	392.14	$KSCN$	97.182
H_3BO_3	61.833	$MgCO_3$	84.314
HCl	36.461	$MgCl_2$	95.211
$HClO_4$	100.46	$MgSO_4 \cdot 7H_2O$	246.48
HNO_3	63.013	$MgNH_4PO_4 \cdot 6H_2O$	245.41
H_2O	18.015	MgO	40.304
H_2O_2	34.015	$Mg(OH)_2$	58.320

分子式	相对分子质量	分子式	相对分子质量
$Mg_2P_2O_7$	222.55	$PbCrO_4$	321.19
$Na_2B_4O_7 \cdot 10H_2O$	381.37	PbO_2	239.20
$NaBr$	102.89	$PbSO_4$	303.26
$NaCl$	58.489	P_2O_5	141.94
Na_2CO_3	105.99	SiO_2	60.085
$NaHCO_3$	84.007	SO_2	64.065
$Na_2HPO_4 \cdot 12H_2O$	358.14	SO_3	80.064
$NaNO_2$	69.000	ZnO	81.408
Na_2O	61.979	CH_3COOH（醋酸）	60.052
$NaOH$	39.997	$H_2C_2O_4 \cdot 2H_2O$	126.07
$Na_2S_2O_3$	158.11	$KHC_4H_4O_6$（酒石酸氢钾）	188.18
$Na_2S_2O_3 \cdot 5H_2O$	248.19	$KHC_8H_4O_4$（邻苯二甲酸氢钾）	204.22
NH_3	17.031	$K(SbO)C_4H_4O_6 \cdot 1/2H_2O$（酒石酸锑钾）	333.93
NH_4Cl	53.491	$Na_2C_2O_4$（草酸钠）	134.00
NH_4OH	35.046	$NaC_7H_5O_2$（苯甲酸钠）	144.11
$(NH_4)_3PO_4 \cdot 12MoO_3$	1876.4	$Na_3C_6H_5O_7 \cdot 2H_2O$（枸橼酸钠）	294.12
$(NH_4)_2SO_4$	132.14	$Na_2H_2C_{10}H_{12}O_8N_2 \cdot 2H_2O$（EDTA 二钠盐）	372.24

附表三　常用弱酸、弱碱的解离常数

（近似浓度 0.003~0.01mol/L，温度 298K）

名称	化学式	解离常数 K	pK
偏铝酸	$HAlO_2$	6.3×10^{-13}	12.20
砷酸	H_3AsO_4	$K_1 = 6.3 \times 10^{-3}$	2.20
		$K_2 = 1.05 \times 10^{-7}$	6.98
		$K_3 = 3.2 \times 10^{-12}$	11.50
亚砷酸	$HAsO_2$	6×10^{-10}	9.22
*硼酸	H_3BO_3	5.8×10^{-10}	9.24
氢氰酸	HCN	4.93×10^{-10}	9.31

名称	化学式	解离常数 K	pK
碳酸	H_2CO_3	$K_1=4.30 \times 10^{-7}$	6.37
		$K_2=5.61 \times 10^{-11}$	10.25
铬酸	H_2CrO_4	$K_1=1.8 \times 10^{-1}$	0.74
		$K_2=3.20 \times 10^{-7}$	6.49
次氯酸	HClO	3.2×10^{-8}	7.50
氢氟酸	HF	3.53×10^{-4}	3.45
碘酸	HIO_3	1.69×10^{-1}	0.77
高碘酸	HIO_4	2.8×10^{-2}	1.56
亚硝酸	HNO_2	4.6×10^{-4}（285.5K）	3.37
磷酸	H_3PO_4	$K_1=7.52 \times 10^{-3}$	2.12
		$K_2=6.31 \times 10^{-8}$	7.20
		$K_3=4.4 \times 10^{-13}$	12.36
氢硫酸	H_2S	$K_1=1.3 \times 10^{-7}$	6.88
		$K_2=1.1 \times 10^{-12}$	11.96
亚硫酸	H_2SO_3	$K_1=1.54 \times 10^{-2}$（291K）	1.81
		$K_2=1.02 \times 10^{-7}$	6.91
硫酸	H_2SO_4	$K_2=1.20 \times 10^{-2}$	1.92
硅酸	H_2SiO_3	$K_1=1.7 \times 10^{-10}$	9.77
		$K_2=1.6 \times 10^{-12}$	11.80
甲酸	HCOOH	1.8×10^{-4}	3.75
乙酸	HAc	1.76×10^{-5}	4.75
草酸	$H_2C_2O_4$	$K_1=5.90 \times 10^{-2}$	1.23
		$K_2=6.40 \times 10^{-5}$	4.19
一氯乙酸	$CH_2ClCOOH$	1.4×10^{-3}	2.86
二氯乙酸	$CHCl_2COOH$	5.0×10^{-2}	1.30
三氯乙酸	CCl_3COOH	2.0×10^{-1}	0.70
氨基乙酸	NH_2CH_2COOH	1.67×10^{-10}	9.78
丙酸	CH_3CH_2COOH	1.35×10^{-5}	4.87

名称	化学式	解离常数 K	pK
丙二酸	$HOCOCH_2COOH$	$K_1=1.4 \times 10^{-3}$	2.85
		$K_2=2.2 \times 10^{-6}$	5.66
丙烯酸	$CH_2=CHCOOH$	5.5×10^{-5}	4.26
苯酚	C_6H_5OH	1.1×10^{-10}	9.96
苯甲酸	C_6H_5COOH	6.3×10^{-5}	4.20
水杨酸	$C_6H_4(OH)COOH$	$K_1=1.05 \times 10^{-3}$	2.98
		$K_2=4.17 \times 10^{-13}$	12.38
*邻苯二甲酸	$C_6H_4(COOH)_2$	$K_1=1.12 \times 10^{-3}$	2.95
		$K_2=3.91 \times 10^{-6}$	5.41
柠檬酸	$(HOOCCH_2)_2C(OH)COOH$	$K_1=7.1 \times 10^{-4}$	3.14
		$K_2=1.76 \times 10^{-6}$	4.76
		$K_3=4.1 \times 10^{-7}$	6.39
酒石酸	$(CH(OH)COOH)_2$	$K_1=1.04 \times 10^{-3}$	2.98
		$K_2=4.55 \times 10^{-5}$	4.34
*8-羟基喹啉	C_9H_6NOH	$K_1=8 \times 10^{-6}$	5.1
		$K_2=1 \times 10^{9}$	9.0
*对氨基苯磺酸	$H_2NC_6H_4SO_3H$	$K_1=2.6 \times 10^{-1}$	0.58
		$K_2=7.6 \times 10^{-4}$	3.12
*乙二胺四乙酸（EDTA）	$(CH_2COOH)_2NH^+CH_2CH_2NH^+$ $(CH_2COOH)_2$	$K_5=5.4 \times 10^{-7}$	6.27
		$K_6=1.12 \times 10^{-11}$	10.95
铵离子	NH_4^+	$K_b=5.56 \times 10^{-10}$	9.25
氨水	$NH_3 \cdot H_2O$	$K_b=1.76 \times 10^{-5}$	4.75
联胺	N_2H_4	$K_b=8.91 \times 10^{-7}$	6.05
羟氨	NH_2OH	$K_b=9.12 \times 10^{-9}$	8.04
氢氧化铅	$Pb(OH)_2$	$K_b=9.6 \times 10^{-4}$	3.02
氢氧化锂	$LiOH$	$K_b=6.31 \times 10^{-1}$	0.2
氢氧化铍	$Be(OH)_2$	$K_b=1.78 \times 10^{-6}$	5.75
	$BeOH^+$	$K_b=2.51 \times 10^{-9}$	8.6

名称	化学式	解离常数 K	pK
氢氧化铝	$Al(OH)_3$	$K_b=5.01 \times 10^{-9}$	8.3
	$Al(OH)_2^+$	$K_b=1.99 \times 10^{-10}$	9.7
氢氧化锌	$Zn(OH)_2$	$K_b=7.94 \times 10^{-7}$	6.1
*乙二胺	$H_2NC_2H_4NH_2$	$K_{b1}=8.5 \times 10^{-5}$	4.07
		$K_{b2}=7.1 \times 10^{-8}$	7.15
*六亚甲基四胺	$(CH_2)_6N_4$	1.35×10^{-9}	8.87
*尿素	$CO(NH_2)_2$	1.3×10^{-14}	13.89

摘自 R.C.Weast.Handbook of Chemistry and Physics.70th ed.London：Wolfe Medicol Publications Ltd, 1989.

*摘自其他参考书。

附表四　常用标准 pH 缓冲溶液的配制（25℃）

名称	pH	配制方法
$0.05mol \cdot L^{-1}$ 草酸三氢钾	1.68	称取在54℃±3℃下烘干4~5小时的草酸三氢钾[$KH_3(C_2O_4)_2 \cdot 2H_2O$] 12.6g,溶于纯化水中,再转移至1 000ml的容量瓶中,加水稀释至标线,摇匀
$0.034mol \cdot L^{-1}$ 饱和酒石酸氢钾	3.56	在磨口玻璃瓶中装入纯化水和过量的酒石酸氢钾（$KHC_8H_4O_6$）粉末约20g溶于1 000ml纯化水中,控制温度在20℃±5℃,剧烈振摇20~30分钟,溶液澄清后,取上清液
$0.05mol \cdot L^{-1}$ 邻苯二甲酸氢钾	4.00	称取先在105℃±5℃下烘干2~3小时的邻苯二甲酸氢钾（$KHC_8H_4O_4$）10.12g,溶于纯化水中,再转移至1 000ml的容量瓶中,加水稀释至标线,摇匀
$0.025mol \cdot L^{-1}$ KH_2PO_4 和 Na_2HPO_4	6.88	分别称取在115℃±5℃下烘干2~3小时的磷酸氢二钠（Na_2HPO_4）3.53g和磷酸二氢钾（KH_2PO_4）3.39g,溶于纯化水中,再转移至1 000ml的容量瓶中,加水稀释至标线,摇匀
$0.01mol \cdot L^{-1}$ 硼砂	9.18	称取硼砂（$Na_2B_4O_7 \cdot 10H_2O$）3.80g（注意:不能烘）,溶于纯化水中,再转移至1 000ml的容量瓶中,加水稀释至标线,摇匀

附表五　试剂的配制

1. 酸碱溶液的配制

名称	相对密度（20℃）	浓度/（mol·L⁻¹）	质量分数	配制方法
浓盐酸（HCl）	1.19	12	0.372 3	
稀盐酸（HCl）	1.10	6	0.200	浓盐酸 500ml，加纯化水稀释至 1 000ml
稀盐酸（HCl）	—	3	—	浓盐酸 250ml，加纯化水稀释至 1 000ml
稀盐酸（HCl）	1.036	2	0.071 5	浓盐酸 167ml，加纯化水稀释至 1 000ml
浓硝酸（HNO₃）	1.42	16	0.698 0	
稀硝酸（HNO₃）	1.20	6	0.323 6	浓硝酸 375ml，加纯化水稀释至 1 000ml
稀硝酸（HNO₃）	1.07	2	0.120 0	浓硝酸 127ml，加纯化水稀释至 1 000ml
浓硫酸（H₂SO₄）	1.84	18	0.956	浓硫酸 167ml，慢慢倒入 800ml 纯化水中，并
稀硫酸（H₂SO₄）	1.18	3	0.248	不断搅拌，最后加水稀释至 1 000ml
稀硫酸（H₂SO₄）	1.08	1	0.927	浓硫酸 53ml，慢慢倒入 800ml 纯化水中，并不断搅拌，最后加水稀释至 1 000ml
冰醋酸（CH₃COOH）	1.05	17	0.995	
稀醋酸（CH₃COOH）	—	6	0.350	冰醋酸 353ml，加纯化水稀释至 1 000ml
稀醋酸（CH₃COOH）	1.016	2	0.121 0	冰醋酸 118ml，加纯化水稀释至 1 000ml
浓磷酸（H₃PO₄）	1.69	14.7	0.850 9	
浓氨水（NH₃·H₂O）	0.90	15	0.25~0.27	
稀氨水（NH₃·H₂O）	—	6	0.10	浓氨水 400ml，加纯化水稀释至 1 000ml
稀氨水（NH₃·H₂O）	—	2	—	浓氨水 133ml，加纯化水稀释至 1 000ml
稀氨水（NH₃·H₂O）	—	1	—	浓氨水 67ml，加纯化水稀释至 1 000ml
氢氧化钠（NaOH）	1.22	6	0.197	氢氧化钠 250g，溶于水后，加水稀释至 1 000ml
氢氧化钠（NaOH）	—	2	—	氢氧化钠 80g，溶于水后，加水稀释至 1 000ml
氢氧化钠（NaOH）	—	1	—	氢氧化钠 40g，溶于水后，加水稀释至 1 000ml
氢氧化钾（KOH）	—	2	—	氢氧化钾 112g，溶于水后，加水稀释至 1 000ml

2. 指示剂的配制

名称	配制方法
甲基橙	取甲基橙 0.1g,加纯化水 100ml 溶解后,过滤
酚酞	取酚酞 1g,加 95% 乙醇 100ml 溶解
铬酸钾	取铬酸钾 5g,加纯化水溶解,稀释至 100ml
硫酸铁铵	取硫酸铁铵 8g,加纯化水溶解,稀释至 100ml
铬黑 T	取铬黑 T0.2g,溶于 15ml 三乙醇胺及 5ml 甲醇中
钙指示剂	取钙指示剂 0.1g,加氯化钠 10g,混合研磨均匀
淀粉	取淀粉 0.5g,加纯化水 5ml 搅匀后,缓缓加入 100ml 沸水中,随加随搅拌,煮沸 2 分钟,放置室温,取上层清液使用(本液应临用时配制)
碘化钾淀粉	取碘化钾 0.5g,加新制的淀粉指示液 100ml,使其溶解。本液配制 24 小时后,即不能再使用

3. 洗液的配制　取 10g 工业用重铬酸钾,溶解于 30ml 热水中,冷却至室温,边搅拌边缓缓加入 170ml 浓硫酸,溶液呈暗红色,贮于玻璃瓶中保存。

教学大纲（参考）

一、课程性质

分析化学基础是中等卫生职业教育医学检验技术专业一门重要的核心课程。本课程的主要内容是滴定分析和常用的仪器分析。本课程的任务是使学生掌握分析化学的基本理论、基础知识和基本技能，具有独立思考、正确处理分析数据和解决分析化学问题的基本能力，培养严谨求实的科学态度、精益求精的职业精神，为学习专业课程及从事医学检验技术工作奠定良好的基础。

二、课程目标

（一）知识目标

1. 掌握滴定分析的基本概念和基本理论。

2. 熟悉常用仪器分析的基本概念和基本理论。

3. 熟悉定量分析方法的有关计算。

4. 了解 pH 计、紫外－可见分光光度计的主要结构和工作原理。

（二）能力目标

1. 熟练掌握电子天平及滴定分析常用仪器的使用方法。

2. 学会电位分析法、分光光度法、纸色谱法的基本操作。

3. 学会观察、记录实验现象，正确处理实验数据、分析实验结果。

（三）素质目标

1. 具有正确"量"的概念；具有认真负责的工作态度和实事求是、科学严谨的工作作风。

2. 具有良好的职业素养，培养精益求精的职业精神。

3. 具有良好的人际沟通能力、团队合作精神和服务意识。

三、教学时间分配

教学内容	学时		
	理论	实践	合计
一、绪论	2		2
二、定量分析概述	2	2	4
三、滴定分析法概述	4	2	6
四、酸碱滴定法	4	4	8
五、沉淀滴定法	2	2	4
六、配位滴定法	2	2	4
七、氧化还原滴定法	2	4	6
八、电位分析法	2	2	4
九、紫外－可见分光光度法	4	4	8
十、色谱法	4	2	6
技能考核		2	2
合计	28	26	54

四、课程内容和要求

单元	教学内容	教学要求	教学活动参考	参考学时 理论	参考学时 实践
一、绪论	（一）分析化学的任务与作用 1. 分析化学的任务 2. 分析化学的作用 （二）分析化学方法的分类 1. 根据分析任务分类 2. 根据分析对象分类 3. 根据测定原理和操作方法分类 4. 根据试样用量分类 5. 根据待测组分含量分类 （三）分析化学的发展概况 （四）学习分析化学的方法	 掌握 了解 熟悉 熟悉 熟悉 熟悉 熟悉 了解 了解	理论讲授 案例分析 多媒体演示 课堂讨论	2	
二、定量分析概述	（一）定量分析的一般过程 1. 分析任务的确立 2. 试样的采集 3. 试样的处理 4. 试样的含量测定 5. 分析结果的表示 （二）定量分析的误差与分析数据的处理 1. 定量分析的误差 2. 有效数字及其应用 3. 定量分析结果的处理 （三）定量化学分析中的常用仪器 1. 电子天平 2. 常用容量仪器	 了解 了解 了解 了解 了解 掌握 掌握 掌握 熟悉 熟悉	理论讲授 案例分析 多媒体演示 讨论练习	4	
	实验一　电子天平的称量练习	熟练 掌握	技能实践		2
三、滴定分析法概述	（一）滴定分析法的基本概念 1. 基本术语和特点 2. 主要测定方法 （二）滴定反应的条件与滴定方式 1. 滴定反应的条件 2. 滴定方式 （三）标准溶液与基准物质 1. 标准溶液浓度的表示方法 2. 基准物质 3. 标准溶液的配制 （四）滴定分析法的计算 1. 滴定分析法计算的依据 2. 滴定分析计算的基本公式 3. 滴定分析计算示例	 熟悉 熟悉 掌握 了解 掌握 熟悉 熟悉 掌握 掌握 掌握	理论讲授 案例分析 多媒体演示 讨论练习	4	
	实验二　滴定分析仪器的洗涤和使用练习	熟练 掌握	技能实践		2

单元	教学内容	教学要求	教学活动参考	参考学时	
				理论	实践
四、酸碱滴定法	（一）酸碱指示剂 1. 酸碱指示剂的变色原理 2. 酸碱指示剂的变色范围 3. 影响酸碱指示剂变色范围的因素 （二）酸碱滴定类型及指示剂的选择 1. 强酸（碱）的滴定 2. 一元弱酸（碱）的滴定 （三）酸碱滴定法的应用 1. 标准溶液的配制与标定 2. 应用示例	掌握 熟悉 了解 掌握 熟悉 熟悉 了解	理论讲授 案例分析 多媒体演示 讨论练习	4	
	实验三　酸碱标准溶液的配制与标定 实验四　食醋中总酸量的测定	学会 学会	技能实践 技能实践		2 2
五、沉淀滴定法	（一）概述 （二）银量法 1. 铬酸钾指示剂法 2. 吸附指示剂法 （三）银量法应用示例 1. 标准溶液的配制 2. 应用示例	熟悉 掌握 掌握 熟悉 熟悉	理论讲授 案例分析 多媒体演示 讨论练习	2	
	实验五　生理盐水中氯化钠含量的测定	学会	技能实践		2
六、配位滴定法	（一）配位滴定法的基本原理 1. EDTA 的配位特点 2. 影响 EDTA 配合物稳定性的因素 3. 金属指示剂 （二）配位滴定法的应用 1. 标准溶液的配制与标定 2. 应用示例	 掌握 熟悉 熟悉 熟悉 了解	理论讲授 案例分析 多媒体演示 讨论练习	2	
	实验六　水的总硬度测定	学会	技能实践		2
七、氧化还原滴定法	（一）概述 1. 氧化还原滴定法的特点 2. 氧化还原滴定法的分类 3. 提高氧化还原反应速率的措施 （二）高锰酸钾法 1. 基本原理 2. 滴定条件 3. 指示剂 4. 标准溶液的配制和标定 5. 应用示例	 了解 了解 了解 掌握 掌握 掌握 熟悉 了解	理论讲授 案例分析 多媒体演示 讨论练习	4	

单元	教学内容	教学要求	教学活动参考	参考学时	
				理论	实践
七、氧化还原滴定法	（三）碘量法 1. 直接碘量法 2. 间接碘量法 3. 应用示例	 掌握 掌握 了解	理论讲授 案例分析 多媒体演示 讨论练习		
	实验七　双氧水中过氧化氢含量的测定 实验八　维生素C含量的测定	学会 学会	技能实践 技能实践		2 2
八、电位分析法	（一）概述 1. 电位分析法的概念和分类 2. 原电池和能斯特方程 （二）电位分析法中常用的电极 1. 参比电极 2. 指示电极 3. pH复合电极 （三）直接电位法的应用 1. 溶液pH的测定 2. 其他离子浓度的测定	 熟悉 了解 掌握 掌握 熟悉 掌握 了解	理论讲授 案例分析 多媒体演示 讨论练习	2	
	实验九　电位法测定饮用水的pH	学会	技能实践		2
九、紫外－可见分光光度法	（一）概述 1. 分光光度法的概念 2. 紫外－可见分光光度法的特点 （二）基础知识 1. 光的本质和颜色 2. 光的吸收定律 3. 吸收光谱曲线 （三）紫外－可见分光光度计 1. 光源 2. 单色器 3. 吸收池 4. 检测器 5. 显示器 （四）定量分析方法 1. 标准曲线法 2. 标准对照法 （五）测量误差与分析条件的选择 1. 误差的来源 2. 分析条件的选择	 熟悉 熟悉 了解 掌握 熟悉 熟悉 了解 熟悉 了解 熟悉 掌握 掌握 了解 熟悉	理论讲授 案例分析 多媒体演示 讨论练习	4	
	实验十　高锰酸钾溶液吸收光谱曲线的绘制 实验十一　高锰酸钾溶液的含量测定（工作曲线法）	学会 学会	技能实践 技能实践		2 2

单元	教学内容	教学要求	教学活动参考	参考学时 理论	参考学时 实践
十、色谱法	（一）概述 1. 色谱法的基本原理 2. 色谱法的分类 （二）经典液相色谱法 1. 柱色谱法 2. 纸色谱法 3. 薄层色谱法	熟悉 了解 掌握 掌握 掌握	理论讲授 案例分析 多媒体演示 讨论练习	4	
	实验十二　纸色谱法分离氨基酸	学会	技能实践		2
实验技能考核	实验十三　实验技能考核	熟练掌握	技能实践		2

五、说明

（一）教学安排

本教学大纲主要供中等卫生职业教育医学检验技术专业教学使用，第2学期开设，总学时为54学时，其中理论教学28学时，实践教学26学时，学分为3学分。各学校可根据专业人才培养目标要求，自行调整学时，参考选用实践教学项目。

（二）教学要求

1. 本教学大纲对理论知识教学要求分为掌握、熟悉、了解三个层次。掌握：指对基础知识、基本理论有较深刻的认识，并能综合、灵活地运用所学的知识解决实际问题。熟悉：指能够领会概念、原理的基本含义，解释现象。了解：指对基础知识、基本理论有一定的认识，能够记忆所学的知识要点。

2. 本教学大纲重点突出以岗位胜任力为导向的教学理念，在实践技能方面分为熟练掌握和学会两个层次。熟练掌握：指能独立、规范地解决分析化学实践工作中的一般问题，完成分析化学基本实践技能操作。学会：指在教师指导下能初步实施分析化学的实践技能操作。

3. 本教学大纲注重融入思政元素，知识、能力目标和素质目标相互融合、有机统一，旨在启迪学生思维，激发学生潜能，引领学生成长。

（三）教学建议

1. 本课程依据医学检验技术岗位的工作任务、职业能力要求，强化理论实践一体化，体现以学生为主体、突出"做中学、做中教"的职业教育特色。提倡采用任务驱动、小组讨论、启发引导、分析归纳、讲练结合等多种形式的教学方法及线上线下混合式教学，将学生的自主学习、互助学习和教师引导教学有机融合，课程教学和思政教育有机融合，培养和提高学生分析问题、解决问题的能力，注重学生的品格塑造、科学精神培育和职业素养提升。

2. 教学过程中注重过程评价，课内到课外均纳入考核范围，将平时学习态度、课堂提问、作业、实训报告的完成情况作为考核的依据；期末考核主要检测学生对基本理论、基础知识和基本技能的掌握程度，以及解决与医学检验技术相关的一般分析化学问题的能力。做到形成性评价与总结性评价相结合，课堂学习评价与课外学习评价相结合，知识技能的掌握程度评价和职业素质的养成评价相结合，实现评价主体的多元化、评价过程的多元化、评价方式的多元化，有力地促进专业人才培养质量的提高。

参 考 文 献

[1] 朱爱军 . 分析化学基础 [M] . 3 版 . 北京：人民卫生出版社，2016.

[2] 闫东良，周建成 . 分析化学 [M] . 2 版 . 北京：人民卫生出版社，2021.

[3] 李维斌，陈洪哲 . 分析化学 [M] . 3 版 . 北京：人民卫生出版社，2018.

[4] 牛秀明，林珍 . 无机化学 [M] . 3 版 . 北京：人民卫生出版社，2018.

[5] 柴逸峰，邸欣 . 分析化学 [M] . 8 版 . 北京：人民卫生出版社，2017.

[6] 闫东良，王润霞 . 分析化学 [M] . 北京：人民卫生出版社，2016.

[7] 任玉红，闫东良 . 仪器分析 [M] . 北京：人民卫生出版社，2018.

[8] 李磊，高希宝 . 仪器分析 [M] . 北京：人民卫生出版社，2015.

[9] 张韶虹，李峰，王丽 . 医用化学 [M] . 北京：高等教育出版社，2022.

55检